関西学院大学研究叢書　第200編

プログラミングと思考力

Norihiro Yoshida
吉田典弘

関西学院大学出版会

プログラミングと思考力

目 次

第1章 序 論 1

1.1 研究の背景　1

1.2 問題の所在　4

1.3 研究の目的　5

1.4 本書の各章の構成　5

第2章 先行研究 9

2.1 一般情報教育におけるプログラミング教育　9

2.2 プログラミングによる思考の育成について　14

2.3 コンピュテーショナル・シンキングとプログラミングで獲得される思考との関係　19

2.4 本書のアプローチ　21

第3章 プログラミングで獲得される論理の思考 ... 25

3.1 目的　25

3.2 方法　26

3.3 結果　28

3.4 考察　29

3.5 まとめと課題　30

第4章　プログラミングで獲得される手順の思考 … 31

4.1 目的　31

4.2 方法　32

4.3 評価結果の予測　35

4.4 結果　35

4.5 考察　37

4.6 まとめと今後の課題　38

第5章　プログラミングで獲得される抽象の思考 … 41

5.1 構造化プログラミングの構成要素（繰返し）の理解度に関する調査と分析　41

5.2 構造化プログラミングの構成要素（順次，条件分岐，繰返し）の理解度に関する調査と分析　66

5.3 プログラミングのスキルと構造化プログラミングの構成要素（順次，条件分岐，繰返し）の理解度との関係　76

第6章　成果と今後の課題 … 91

6.1 本研究の成果　91

6.2 プログラミングで獲得される3つの思考の関係　95

6.3 今後の課題　96

出　典　99
本書に関する業績　102
付　録　105

序 論

1.1 研究の背景

　プログラムとはコンピュータに対する命令を記述したものであり，プログラミングとはプログラムを作成することである．日本におけるプログラミングの教育は，当初，大学の理工学部を中心に行われていたが，1990年代に入り，大学における教養教育としての情報教育（以下，一般情報教育）が開始されると，この教育ではプログラミングを教える授業が中心であった．授業ではプログラムをテキスト形式で正確に入力し，それを実行し，プログラムした結果を正確に出力させる方法が教えられていた．その後，パーソナルコンピュータ（PC）の普及，個人でインターネットに接続できるようになるなど情報通信技術（ICT）が発展したが，2000年代に入り，一般情報教育においてワープロや表計算などのソフトウェアを利用した授業が行われるようになっても，一般情報教育でのプログラミングの教育は継続して行われている．近年の大学における一般情報教育に関する調査結果においても，必修科目として教えてはいないが，多くの大学において選択科目として開講していることが報

告されている（高橋 2017）．

　こうしたプログラミング教育では，プログラミング言語の文法に対して誤りがないように，「プログラムを正確に作成できる」というスキルを身につけさせることが主要な目的の1つとされてきた．また，この学習目標に対しての評価は，授業で使用したプログラミング言語を用いた課題や試験によって行われている．大学における一般情報教育におけるプログラミング教育においては，たとえば，図形描画を先行する授業と先行しない授業の2つのコースを用意し，このコース間の成績において「プログラムを正確に作成できる」ことを確認するために，授業内で使用したプログラミング言語を用いた最終試験を行い評価している（西田ら 2017）．このように，これまでのプログラミング教育は，ある特定のプログラミング言語を用いた授業を実施し，評価では，この言語を用いた課題や試験に用いることが一般的であるといえる．

　しかし，これからの時代においてプログラミング教育に求められるのは，プログラミング教育で育成される思考とされる．このような基本指針は，総務省（2015）による「プログラミング人材育成の在り方に関する調査研究」報告書からも読み取れる．この報告書では，プログラミングに関する教育がもたらす効果として，合理的・論理的思考力の向上が挙げられており，フローチャートやプログラムの構想の作成とそれらに基づきプログラミングするという過程で，俯瞰的に考えたり，順序立てて考えたり，仕組みを考えるなどの合理的・論理的な思考が必要となるため，論理的な思考力が向上するとされている．また，文部科学省（2016）の「小学校段階におけるプログラミング教育の在り方について（議論の取りまとめ）」では，時代を超えて普遍的に求められる力としての「プログラミング的思考」として，「自分が意図する一連の活動を実現するために，どのような動きの組合せが必要であり，一つ一つの動きに対応した記号を，どのように組み合わせたらいいのか，記号の組合せをどのように改善していけば，より意図した活動に近づくのか，といったことを論理的に考えていく力」と定義されている．これらのことから，

これからの時代におけるプログラミング教育に求められているのは，抽象の思考を理解することであり，それは小学校から大学の一般情報教育まで共通すると想定される．

上記の政策的な動向を踏まえるならば，これからのプログラミング教育では，順序立てて考えることや手順を踏んで問題を解決することなど，プログラミングで育成される思考やそれらがもたらす効果をどのように評価するか喫緊の課題になると考えられる．現状では，プログラミングのスキルの育成の証拠として課題や試験が用いられてきたが，このような思考を把握するには，評価方法を検討する必要がある．

一方で，プログラミングで獲得される思考，たとえば論理の思考とは何かが明確に定義されてきてはいない．理由として，プログラミングで獲得される論理的な思考の定義が，人によって千差万別であることにある．このことも一因しており，プログラミングで獲得される論理的な思考をどのように問題を用いて評価すれば良いかについては先行研究が少ない．また先行研究においても，プログラミングの授業を行い，その前後で論理的な思考が明確に向上したとする成果を示しているものも少ない状況である．

ここで，論理的な思考について，プログラミング教育ということではなく，論理学の観点から論理についての説明を引用する．野崎（2006）は，一般的な「論理」とは，言葉が相互にもっている関連性にほかならないとしている．また，野崎（2006）は，「論理とは思考に関わる力だと思われがちであるが，論理的な作業が思考をうまく進めるのに役立つというのは確かだ，論理力は思考力そのものではない．そして，思考は結局のところ最後は「閃き」（飛躍）に行き着くとしている．さらに，論理は閃きを得たように必要となる．閃きによって得た結論を，誰にでも納得できるように，そしてもはや閃きを必要としないような，できる限り飛躍のない形で再構成しなければならない」としている．そして，狭い「論理」と広い「論理」に分け，「狭い意味での「論理」＝演繹であり，ある前提からなんらかの結論が導かれているとき，その前提を正しいと認

めなければならないようなとき，それは「正しい演繹」と呼ばれる．そして，広い意味では，主張と主張の関係，あるいは主張のまとまり全体とその部分となる主張との関係もまた「論理」と呼ぶことができる」としている．このようなことから考えると，プログラミングによって獲得される論理的な思考とは，一般的にいわれる狭い意味での「論理」＝演繹を意味していると考えられる．

1.2 問題の所在

前節で述べたように，従来のプログラミング教育においては，この教育を受けることによって，どのような思考が育成されているのか，この思考がもたらす効果を評価している例は少ない．このような評価が少なかった理由として，プログラミングの授業において「プログラムを正確に作成できる」というスキルを習得すれば，プログラミングで育成される思考，たとえば，構造化プログラミングの構成要素である順次，条件分岐，繰返しの理解についても同時に獲得されるという考えによるものと考えられる．しかし，このようなプログラミングのスキルによる評価では，学習したプログラミング言語に依存してしまう，あるいは授業での課題や試験での成績からでは，プログラミングで獲得される思考を正確に評価することができない可能性がある．よって，プログラミングで獲得される思考について評価問題を用意し，この問題が学習したプログラミング言語に依拠しないものであれば，プログラミングで獲得される思考を評価できるかの可能性があるはずである．

また，プログラミングのスキルとプログラミングで獲得される思考について，授業回数や授業で教えられた内容を踏まえて，それら上記の2つがどのような関係にあるのかも明らかにされてはいない．これからのプログラミング教育を考えていくうえで，このような関係を明確にする必要がある．

1.3 研究の目的

本書では,プログラミングで獲得される思考について,プログラミングの授業を受けた前後でどのような思考が獲得されるか,それをどのように評価できるかを探索的に調査し分析する.プログラミングで獲得される思考を,

①論理の思考
②手順の思考
③抽象の思考

に区分したうえで,それぞれに関する評価問題を用いることで,プログラミングで獲得される思考について,学習したプログラミング言語に因らない問題で評価することで,各思考が獲得されるかを示す.

また,③抽象の思考に関する調査を行う中では,授業におけるプログラミングのスキルとして,最終課題のプログラムを評価し,この成績と抽象の思考を評価した結果から,プログラミングのスキルとプログラミングで獲得される思考との関係性を示す.

1.4 本書の各章の構成

本書は題目を「プログラミングで獲得される思考に関する研究」として,6章からなる.

「第1章 序論」では,研究の背景や問題の所在,および研究の目的を述べた.

「第2章 先行研究」では,一般情報教育におけるプログラミング教育の在り方,プログラミングで獲得される思考に関する研究に関して,プ

ログラミングの授業によって論理的な思考を評価する方法あるいは，他の授業との評価との相関関係を調査しているなど，関連する先行研究を整理する．

「第3章 プログラミングで獲得される論理の思考」では，プログラミングで獲得される思考として，プログラミングの授業を行い，論理に関する思考として，公務員の採用試験における数的処理における推論に関する過去問題を評価問題としてプログラミングクラスとプログラミングの授業でないクラス（以下，非プログラミングクラスとする）の受講前後で行い，授業内容，評価前後での分析を行った．

「第4章 プログラミングで獲得される手順の思考」では，プログラミングで獲得される思考として，プログラミングの授業を行い，ナンバープレイス（以下，ナンプレ）の解法について，高等学校普通教科「情報」の教科書による解法の手順による評価問題を，プログラミングクラスと非プログラミングクラスの受講前後で行い，授業内容，評価前後での分析を行った．

「第5章 プログラミングで獲得される抽象の思考」では，プログラミングで獲得される思考を抽象の思考とし，3つの手法で分析を行った．

まず，抽象の思考の評価問題を構造化プログラミングの構成要素である繰返しに関するものとし，大学における一般入試「情報」の参考問題（慶應義塾大学 2016）をもとに作成した．これにより授業で学習したプログラミング言語に依拠しない形で，繰返しに関する抽象に関する思考をプログラミングクラスと非プログラミングクラスの受講前後で行い，授業内容，評価前後での分析を行った．

次に，評価問題を構造化プログラミングの構成要素である順次，条件分岐，繰返しを問うものとした．順次と条件分岐については文部科学省（2017）の情報活用能力の調査で活用された問題を使用し，繰返しについては，高等学校普通教科情報の「情報の科学」の教科書に掲載されているプログラムの例題をもとに作成した．また，問題は授業で学習したプログラミング言語に依存しない形で，抽象の思考をプログラミングクラ

スと非プログラミングクラスの受講前後で行い，授業内容，評価前後での分析を行った．

さらに，プログラミングのスキルを「プログラムを正確に書ける」ということで定義し，このスキルとプログラミングで獲得される抽象の思考の関係を分析する．抽象の思考は構造化プログラミングの構成要素である順次，条件分岐，繰返しに関するもので，授業で学習したプログラミング言語に依存しない形で評価問題を用意した．これを用いてプログラミングクラスと非プログラミングクラスの受講前後で評価を実施し，学習内容，受講前後での分析を行った．そして，プログラミングクラスにおけるプログラミングのスキルは，授業における最終課題で提出されたプログラムを確認し，この得点とプログラミングで獲得された思考との関係性について授業における観測点を設定し調査した．

「第6章 成果と今後の課題」では，本書で得られた成果を整理し，今後の課題について述べる．

図1-1は，本書と各章の位置づけとその関係である．第3章では論理の思考，第4章では手順の思考，第5章では抽象の思考について検討する．

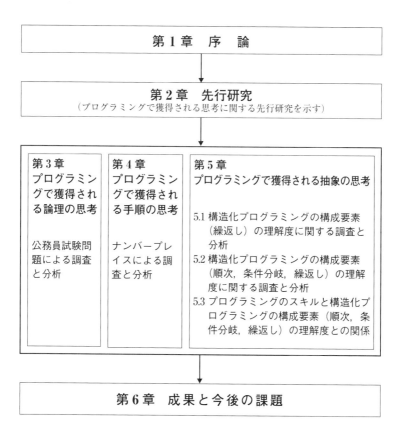

図 1-1　本書と各章の位置づけとその関係

先行研究

本章では，本書の一般情報教育におけるプログラミング教育に関する先行研究と，プログラミング教育と思考育成に関する先行研究を概観したうえで，本書のアプローチについて述べる．

2.1 一般情報教育におけるプログラミング教育

2.1.1 1990年代のプログラミング教育についての考え方

情報処理学会の一般情報教育委員会（一般情報教育委員会 2016）によると，情報処理学会は，文部省（当時）から調査研究の委嘱を受けて，1992年に「一般情報処理教育の実態に関する調査研究」の報告書を発行した．この報告書では，一般情報処理教育の目的を「計算機ならびに情報という概念を理解させ，自在に活用できるようにすること」と定め，さらに，具体的な教育内容として以下の3つをあげて，これらをバランス良く教えることが重要であると述べている．

(A) 計算機リテラシー

ワードプロセッサや電子メールといった道具を，単なる技能としてではなく，その概念，動作原理を含めて正しく利用できるようにする教育．
(B)「プログラミング」教育
特定のプログラミング言語の習得だけを目的とするだけではなく，問題を発見して，それを解決するシステムを創り出し，さらにでき上がったシステムの使用を通じて新たな問題を発見するという，システム進化の過程全体の教育．
(C) 教養・概念教育
情報科学の世界観，面白さ，深さを伝えていくような教養主義的教育．

この報告書を参考にして，1990年代半ばから，大学での一般情報処理としていわゆるコンピュータリテラシー教育が始まった．この時期には，インターネットの有用性が注目されはじめ，TCP/IP の組み込まれた Widows95 が 1995 年末に発売されたことにともなって，各大学において Windows をベースにした PC を並べた教室が開設され，授業内容が「インターネットによる情報検索，電子メール，Word/Excel/PowerPoint」という図式の教育が広がった．ただし，操作スキルの習得が中心となっていた授業も多く，「動作原理を含めて正しく利用できるようにする」ことが十分に行われていなかった．

一方，残り2つの柱である「プログラミング」や情報科学の教育はごく一部の大学で実施されたのに留まっている．理工系の専門基礎科目として，Fortran 言語や C 言語などの実用のプログラミング言語を習得する教育は 1970 年代から行われてきており，文系の学生でも講習会などで授業できるようにされているところもあったが，一般情報教育の枠組みとしての「プログラミング」教育はほとんど存在していなかったとしている．

2.1.2　2000年代前半のプログラミング教育についての考え方

前節と同様に，情報処理学会の一般情報教育委員会（一般情報教育委員会 2016）によると，情報処理学会は再び文部科学省から調査研究の委嘱を受けて，2002年に「大学等における一般情報処理教育の在り方に関する調査研究」の報告書を発行している（情報処理学会 2002）．この報告書で，教育目標として

（A）リテラシー教育としての情報教育
（B）教養としての情報教育
（C）考える訓練，知的な創造のために実習としての情報教育

これらは，1992年と似通った内容であるが，（A）については，2003年度からの高等学校普通教科「情報」の必履修科にともなって，これまでの内容から変容するだろうと書かれている．報告書では，さらに一般情報教育として学ぶべき中心的な内容を2つに分け，片方をコンピュータサイエンスの素養を中心とし，他方を情報と社会とのかかわりを強く意識する内容としている．前者は「情報とコンピューティング」，後者は「情報とコミュニケーション」として名付けられ，この書名で15回の授業で構成するように考えられた教科書も出版された．「情報とコンピューティング」の中に，「コンピュータによる問題解決（アルゴリズムとプログラミング）」が授業回数2〜3回を想定して含まれている．

報告書では，この2科目ではリベラルアーツとしての「情報」の教育の中核部分を完全にカバーすることができないため，個別の内容を一般情報教育の範囲内でさらに詳しく行うための補完的科目群が設けられている．この補完的科目群の1つとして「プログラミングの基礎」が用意され，主旨が次のように説明されている．

この科目は，報告書（情報処理学会 2002）でいうところの「プログラミング」を目指すものであり，単なる職業技能としてのプログラミング

言語の習得を目的とするものではない．

授業内容としては，1) 擬似言語による記述練習，2) プログラミング言語での記述，3) プログラムの例をこなす，4) 抽象度の高いプログラミング，5) 良いプログラムを作る方法，を取り上げるとされている．

実際に，一般情報教育としてのプログラミングの授業科目が開設されていた大学もあるが大変少ない状況であったとされている．

2.1.3 2000年代後半のプログラミング教育についての考え方

情報処理学会の一般情報教育委員会は，2001年度，2002年度の委嘱研究の成果をもとに，2011年に一般情報処理教育の知識体系（GEBOK）を構成した．さらに，GEBOKを教育するためのカリキュラムを見直し，中核科目として2つの授業科目「情報とコンピューティング」と「情報と社会」および補完的科目群による構成を示した．プログラミングに関しては，「アルゴリズムとプログラミング（GE-ALP）」という名称で設定されていた．GEBOKでは，プログラミングに関して，職業としてのプログラミング言語の習得を目的とするものではない．プログラミングは，自分が考えたことを決められたルールに従って正確に記述するという訓練で有用であり，プログラムのデバッグは，間違いの発見プロセスであり，自ら発見するという学習そのものであり，自立的な思考を養える．この科目は，このような体験に基づいて，コンピュータの本質を理解することを目標としている．

2.1.4 「手順的な自動処理」によるプログラミング教育

一般情報教育でのプログラミング教育に関しては，情報処理学会が「日本の情報教育・情報処理教育に関する提言2005」（情報処理学会 2005）として，大学の一般情報教育において，「手順的な自動処理」についての制作体験をさせることが提案されている．ここで，「手順的な自動処理」

の構築とは，以下のように定義されている．

> 定義「手順的な自動処理」の構築とは，次の一連の活動をいう．
> (1) 問題を同定および記述したうえで，その定式化を行い，解決方法を考える．
> (2) 解決方法を，アルゴリズムとして組み上げ，自動処理可能な一定形式で記述した，コンピュータ上で実行可能なものとして実現する．
> (3) 実現したものが問題解決として適切であるかを検証し，必要なら問題の定式化まで戻ってやり直す．

　記述する方式としてはただちにプログラミング言語が想起されるかもしれないが，上記の定義はそれに限定されないことを注意しておきたい．たとえば，表計算のワークシート上において自動処理を記述することも，上記の定義にあてはまる．

　さらに，(2) の記述する活動だけでなく，その前後の (1) の解法の定式化と (3) の検証と反復にまで含んだ全体の活動を，「手順的な自動処理」の構築としてとらえることが重要である．

　このような提言をもとに，大学の一般情報教育ではどのようなプログラミング教育を行うべきかの報告がある（河村 2011）．この中では，このような「手順的な自動処理」を通して，論理的思考を身につけられる可能性があることも述べられている．プログラミング教育を行うことで，プログラミングを通してアルゴリズムをデザインするため論理的な思考力の育成ができること，解決すべき問題をアルゴリズムに置き換えて，定式化することで抽象化能力を身につける可能性があることを報告している．しかし，この報告は提言であることと，その後，一般情報教育におけるプログラミングの授業において，実際に論理的な思考力を育成ができたか，あるいは抽象化能力を身につけることができたかを評価し分析されたものは報告されてはいない．

2.1.5　一般情報教育におけるプログラミング教育の事例

大学の一般情報教育におけるプログラミング教育の事例として，大阪大学における「情報活用基礎」に関して，情報処理学会一般情報教育委員会の報告（2016）より示す．

授業内容は，90分×4回をあて，文学部と人間科学部の1年生対象に実施しており，4回の授業内容は以下のとおりである．

- 第1回　PENの使い方，位置とサイズを指定して円形を描く．（逐次実行）
- 第2回　タイプ入力した値によって，描く円形の色を返す．（条件分岐）
- 第3回　円形を直線上に連続して描く．棒グラフを描く．（繰返し）
- 第4回　二重の繰返し，階乗の計算，実数の扱い．

PENは初学者向けプログラミング学習環境であり（西田 2017）である．また，図形描画から入るのではなく，従来からのように，キーボードから入力した数字を計算処理して出力するようなクラスもある．授業では，繰返しの中に条件分岐を含む命令が入ってくるようなプログラムを十分に理解できない学生もいる．

2.2　プログラミングによる思考の育成について

総務省「『プログラミング人材育成の在り方に関する調査研究』報告書」（総務省 2015）によるプログラミングに関する教育がもたらす効果を表2-1に示す．この中で，学説または有識者の意見において，論理的思考力の向上が挙げられており，事業者の感じる効果として，「フロー

表2-1 プログラミングに関する教育がもたらす効果

学説または有識者の意見	事業者の感じる効果
創造力の向上	・プログラミングでは自由に作品を制作する課題を与えることが多いため，子供たちの作品制作を通じて，作りたいものを実現するという創造力が向上する． ・ものを作り出す面白さを実感させることで創造性が伸びる．
課題解決力の向上	・プログラミングでは，結果がすぐにわかり，改善点が明確であることなどから，トライアンドエラーを繰返しやすく，課題発見力・解決力が身につく． ・プログラミングを完成させるという目的達成のために前に進む主体的な行動力が身につき，完成させ，最後までやりきる力が身につく．
表現力の向上	・プログラミングの過程で，プログラムの構想を書いたり，受講者同士で教えあい，学びあいをしたり，作品を発表したりすることによって，表現力が向上する．
合理的・論理的思考力の向上	・フローチャートやプログラムの構想の作成とそれらに基づきプログラミングするという過程で，俯瞰的に考えたり，順序立てて考えたり，仕組みを考えるなどの合理的・論理的な思考が必要となるため，論理的な思考力が向上する．
意欲の向上 (内発的な動機づけ効果)	・プログラミングという活動自体が子供たちにとって楽しいものであるため，子供たちは積極的に活動に取り組む． ・デバッグやトライアンドエラーを繰返して作品を完成させるというプログラミングの作業特性から，子供たちがプログラミングのさまざまなタイミングで気づきを得るため，子供たちの忍耐力・集中力が持続し，学習意欲が維持，向上される．
コーディング・プログラミングスキルの向上	・テキスト型プログラミング言語を用いて高度なプログラミングを行ったり，大人と同様の習熟を見せるなど，子供であってもプログラミングスキルが向上する．
コンピュータの原理に関する理解	・プログラミングの過程で，不明点を調べたり，既存のライブラリを利用するなどの作業を行う際に，インターネットによる情報検索を行うため，情報検索能力の向上など，情報活用能力が向上する． ・プログラミングの活動を通じて，コンピュータの性質，原理に対する理解が深まる．

チャートやプログラムの構想の作成とそれらに基づきプログラミングするという過程で，俯瞰的に考えたり，順序立てて考えたり，仕組みを考えるなどの合理的・論理的な思考が必要となるため，論理的な思考力が向上する」と報告している．

次に，実際にプログラミングの授業により論理的な思考育成を調査し分析した先行研究を示す．

足利ら（2008）は，「論理的思考能力の育成」にプログラミングが有効な手段であることを検証していることを目指した．プログラムはロジックそのものの集合であるため，「論理的思考能力の育成」にプログラミングが効果的な手段と考え，中学生・高校生は，論理的な力が発達する時期であるので，抽象化の考え方に触れながら，問題解決のアルゴリズムを考えることで論理的思考能力を育てることが可能になると考えたとしている．

中学生を対象とした論理的思考の評価では，「技術・家庭科」の「情報とコンピュータ」領域の一環として，12時間のプログラミング学習の授業を実施した言語には教育用プログラミング言語である「ドリトル」を使用しており，以下のようなカリキュラムであった．

（1）タートルグラフィックス　　　　4時間
（2）タイマーによるアニメーション　4時間
（3）ボタンによる対話的な操作　　　4時間（授業時間は50分）

この授業で事業者が感じる効果として手順的な論理的思考力・推察力として，以下のことが挙げられている．

プログラムは，上から順に規則正しく実行されていて，自分の構想を実現するためには，どのような順でプログラムを組み立てていけば良いかを常に考えなくてはならない．このことにより，手順を追って筋道を立てて考えるようになる．最初はあまり考えずにプログラムを作っていた生徒も命令の順番を変えることにより，実行結果が異なることを体験

する中で，順を追って考えるようになっていく．また，適当に数値を入れて図形の位置を考えていた生徒が，結果を予想してプログラムを考えることから，論理的な推察力も身につくものと考えられるとしている．

上記の授業を実践した後の思考力の調査では，検証テストの問題として，手順的な論理的思考問題として，正方形のブロックを並べ迷路を作り，入り口から出口までの手順や通った場所の回数などを問う問題とした．

検証の結果からは，手順的な論理的思考に関する問題の正答率がプログラミングの学習をすることで向上することは示すことができなかった．筆者の考察では，プログラミング学習の授業時間が週1回であることと，検証テストを3回行っていたのだが，その問題の難易度を揃えることが難しいとされている．

次に高校生を対象とした論理的思考の評価では，プログラムの授業では「ドリトル」を用い，図形を描く対話的なプログラムの作成をさせている．授業時間数は10時間前後の実践であり，このプログラミング学習の事前事後における論理性について，以下のような検証問題として実施した．

1. 簡単な四則計算の決まりについて演算記号を用いて定義する．
2. 直線上の双六の問題で，ゴールと振り出しで条件判断をさせる．
3. 天秤を用いて，いくつかのおもりの中から異なる1個の重さを見つけ出す．
4. 迷路から抜け出す問題．

実施にあたっては，事前テストは回収後生徒に返却をしない．また，事後テストは演算の定義を変えたり，天秤にのせる重さの数を変えたり，迷路の壁の形やゴールの位置を変えたりしているが，基本的な考え方は変えないようにしている．実施の結果として，事後に論理性が向上し，学習者の思考能力を増大させたという結果には至っていない．また，筆者の考察として，論理性検証の問題作成が難しい問題であるとと

ともに，各回の難易度と揃えることが重要であるとしている．

次に大学生を対象とした先行研究を示す．

大場ら（2018）は，プログラミングの思考過程，文章を論理的に構成する思考過程および数学の問題解決の思考が，相互に関係していると仮説を立て，プログラミングスキルと論理的な文章を作成するスキルとの関連性を，それぞれのアウトプットに焦点を当てて論じている．プログラミング力判定の指標として，成績評価点と期末試験の粗点を利用し，レポート課題に対する「論理力」と「言語能力」それぞれの評価点合計との相関を分析した結果，プログラミング力と論理的な文章能力作成のうち「論理力」との間で強い相関が認められたことを確認している．ここでの「論理力」とは，一貫性のある文書を作成するためのものであり，以下の要素としている．

※「論理力」を構成する要素
・記述する事柄の分解・整理
・分野の文章の順序立てられた組み合わせ
・読み手に応じた適切な論述法の選択

他方，宮田ら（1997）は，Logoによるプログラミングの学習で伸長した問題解決能力が，プログラミング以外のほかの状況に転移するかという問題を，指導方法との関係で分析した．その結果，問題解決のプロセスを重視したアプローチでプログラミングを指導した場合に，問題解決能力の転移が起こりやすいことを示している．こうした調査報告によれば，ある学習が別の能力に転移するような関係が，プログラミングにおけるスキルの習得と思考力の育成との間にも存在する可能性があると考えられる．

2.3 コンピュテーショナル・シンキングとプログラミングで獲得される思考との関係

ここでは日本以外の先行研究について述べる．M.WING（2006）は，Computational thinking の特徴が以下にあるとしている．

(1) 概念化のことであり，プログラミングではない．
(2) 基礎的な技能であり，機会的なものではない．
(3) 人間の思考法のことであり，コンピュータのそれではない．
(4) 数学的思考と工学的思考を組み合わせ，補完するもの．
(5) 概念であり，モノではない．
(6) それは，すべての人にどこにでもあるもの．

本書に関することとしては，(1) に関して次のことも述べられている．

コンピュータ科学というのはコンピュータをプログラムすることではない．コンピュータ科学者のように考えるということは，コンピュータをプログラムできるということ以上のものである．それは複数の抽象レベルで考えることを要求される．

ここで，複数の抽象レベルで考えるという点が，本書での思考に関する点である．

また，磯部・静谷（2016）らは，M.WING（2008）を踏まえ，コンピュテーショナル・シンキングについて以下のように述べている．

ひと言でいうならば，「計算機科学の流儀で考えて問題を解決すること」となるであろう．ここで，「計算機科学の流儀」とは，コンピュータを使ったりプログラミングを書くことでなく，むしろ，そのようなことを行わないことが圧倒的である．計算機科学の流儀とは，計算機科学分野に広くみられる知的活動のスタイルであって，現実世界の問題を抽象化によって分析し，それに基づき，問題を解

決するための手順（アルゴリズム）を構築するという二段階の思考活動からなる．特に後者は問題解決のプロセスを定式化・自動化することが目的である．コンピュータにそのプロセスを任されるようなアルゴリズムをプログラムに変換することは定型化・自動化の先にある一種のオプションである．要するに抽象化（abstraction）と自動化（automatic）という「2つのA」がコンピュテーショナル・シンキングの核心である．

このように，コンピュテーショナル・シンキングは，抽象化と自動化が重要であるとしている．
また，この2つの具体例として，以下に問題を挙げている．

問　題　互選の当確ライン
　　　　クラスで代表1名，補佐2名の計3名を投票で選ぶこととなった．1人1票で上位3人が当選，1クラスの人数は45名であるが，どうなると選出されるか．

抽象化　この問題の本質として一般化すると「N人の集団で互選を行う．1人1票を投票し，上位r人を選出する．少なくとも何票を獲得すれば良いか？」となる．これを解く手順を考えることになる．

自動化　自動化とは処理の定式化であって，必ずしもプログラミングのことではない．自動化の実態はアルゴリズムの記述である．ここでアルゴリズムとは，何らかの入力に対して所望の出力を得るまでの処理手順を表す用語である．このアルゴリズムは，とにかく何をどういう順番でどうするかを自然言語（日本語，英語など）で書けば良い．

2.4 本書のアプローチ

第 2 章でレビューしてきた先行研究から，本書のアプローチを示す．ここでは，本書がプログラミングで獲得される思考を論理，手順，抽象としており，それぞれについて，先行研究を踏まえて，どのような方法で調査し分析を行うかを示す．

2.4.1 本書のアプローチ 1
####　　　プログラミングで獲得される論理の思考の分析

2.2 節で示したようにプログラミングで獲得される思考の育成について，実際にプログラミングの授業を行い，この授業の前後で獲得される思考に関して，論理的思考として評価問題を作成し検証を行っていたのは足利（2008）のものだけであった．しかし，この報告においては論理的思考が育成され，生徒の思考力が向上されたという結果は得られていない．

そこで，本書におけるプログラミングで獲得される思考として最初に扱う論理の思考は，野崎（2006）が示している狭い意味での「論理」＝演繹としている．演繹とは，諸前提から論理の規則に従って必然的に結論を導き出すことであり，一般的原理から特殊な原理や事実を導くということである．野崎は簡単な例として三段論法を挙げている．このような論理の思考が問われる問題として，本書では高等学校を卒業して大学に入学する学生を対象としていること，また，問題として多くの人に利用されているものとして，国家公務員と地方公務員の採用試験問題から，基礎能力試験で出題される数的処理の判断推理に関する問題を使用した．この判断推理に関する問題には，演繹を問うものが含まれているからである．

第 3 章では，先行研究で示した一般情報処理教育におけるプログラミングの授業の事例と同じように構造化プログラミングに関するプログラ

ミングの授業を行い，その授業の前後で，論理に関する問題として，公務員採用試験問題の過去問題の中から判断推理に関する問題を利用し，結果について分析を行った．

2.4.2　本書のアプローチ2　プログラミングで獲得される手順の思考の分析

　情報処理学会の提言（2005）と河村（2011）の報告により，大学における一般情報教育のプログラミング教育において手順的な自動処理の構築を用いることが良いとされており，この手順的な自動処理による教育を行うことで育成される思考として，手順に関する評価を行った．本書での手順は，先行研究のコンピュテーショナル・シンキングの説明で示した手順（アルゴリズム）ではなく，一般的な概念としての手順，つまり，物事をする順序，段取りに関する思考のことを指す．よって，与えられた問題に関して，手順を踏んで正確に解答し，正解を導けるかということを評価することにした．そこで，プログラミングの授業を受けてから評価を行うために，高等学校共通教科情報の「情報の科学」の教科書において，ナンプレの解法をプログラムを用いて行うという例題を利用することとした．この例題では，プログラムを作成するうえで，解法に必要となる手順を示しており，この手順に従い，ナンプレの解答を見つけるものである．これを利用した理由は，評価対象者が大学の文系学生であることから，問題の難易度として，高等学校卒業レベルにしたかったためである．プログラミングの授業を行い，その授業の前後でこの手順を問う問題を解答させ，手順に関する思考が獲得されるかを分析する．

2.4.3　本書のアプローチ3　プログラミングで獲得される抽象の思考の分析

　前節までの分析は，一般的な概念としての論理や手順であったが，プログラミングで獲得される思考として，抽象の思考とすることとした．

これは，河村（2011）が手順的な自動処理を用いた一般情報教育で獲得される能力として，抽象化思考を挙げていることと，現実世界の問題を抽象化によって分析するというコンピュテーショナル・シンキングでも抽象化がもち入れているからである．また，授業でのプログラミングの最終課題であるオリジナルのアニメーション作成では，プログラムを作成する過程で以下の順番に行っている．

1. 問題を抽象化する．
2. 筋道を立てる．
3. 問題を解決する．

本書では上記のことを抽象の思考としている．また，抽象の思考を評価問題として，アニメーションを作成するには，授業内でのプログラミングの習得において，構造化プログラミングの構成要素である，順次，条件分岐，繰返しを使用していることと，授業で習得したプログラミング言語に依拠しない方法で抽象の思考を獲得しているかの調査をしたかったため，日本語によるプログラミングを問題とした．

また，本書でのプログラミングで獲得させる抽象の思考の調査については，以下の3つの方法で行っている．

1. 評価問題が繰返しのみの場合
2. 評価問題が順次，条件分岐，繰返しの場合
3. 評価問題を2.と同じとし，プログラミングのスキルとの関係をみた場合

この3つの方法の調査を実施することで，どのような条件によって，プログラミングにおける抽象の思考が獲得されているかを分析する．

2.4.4 本書のアプローチ4
本書で調査する3つの思考の関係

　本書の調査では，論理，手順，抽象を別に定義し，それぞれの思考について別の評価問題を使用して実施し，結果について分析している．しかし，本書での論理の思考とは，この章で説明したように，狭義の意味での論理＝演繹であり，これは手順，抽象の思考を含んだものであると考えられる．そこで広義の論理の思考と本書の3つの思考との関係を表す図を図2-1に示す．

　本書で扱う，論理，手順，抽象の思考は広義の論理の思考の中にあり，これら3つの思考の関係性も独立しているのではなく，重なり合った部分がある．つまり，本書では，それぞれ3つの思考を評価する問題を用いて分析を実施するが，各分析においては，3つの思考の中で比重の最も大きいものを評価している．

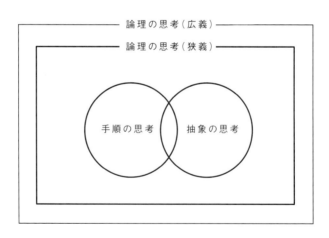

図2-1　本書で扱う思考との関係

プログラミングで獲得される論理の思考

3.1 目的

　本章では，プログラミングの授業を受けることによって，受講前後で論理に関する思考が向上しているかを評価することを目的とする．ここでの論理は，狭義の論理＝演繹を意味し，この評価問題として公務員採用試験での判断推理に関する過去問題とした．また，先行研究である足利（2008）における論理的思考力育成の評価問題を参考に，この出題内容と違うものとして，公務員採用試験を用いた．この問題により，プログラミングの授業を受けたことで，論理の思考が獲得できているかを確認する．また，この目的のため，ただ単に，授業内では，プログラミング言語として用いたJavaScriptの使い方を教えただけでは，受講後の点数が向上することはないので，論理の思考が育成できるような授業内容，つまりカリキュラムの構成を工夫した．

3.2 方法

授業内容

プログラミングの授業では，論理の思考を育成させるため，構造化プログラムの基本構造である，

(1) 順次
(2) 条件分岐
(3) 繰返し

が理解できるように教育を行った．また，プログラムがどのような順番で動作しているかを，自分で追えるように，1行ごとにソースプログラムが何を行っているかを，毎回の授業でその意味を理解させて行った．

なお，シラバスについては表3-1のとおりである．授業回数は15回で，1回の授業時間は90分であった．

評価方法

プログラミングの授業を2013年4月から7月の3か月間，学生に表3-1のシラバスに基づいて教授し，受講前と受講後で論理の思考が育成されたかを数値で評価した．評価手法は以下のようにした．

1. 論理の思考が育成されたかを判断するものとして，論理と真偽に関する問題である国家公務員Ⅲ種および地方公務員初級における採用試験（高卒程度）の，過去問題を10問（10点満点）解かせ，その点数を受講前，受講後で比較した［問題については付録3-1（106頁）を参照］．
2. 上記の問題について，JavaScriptによるプログラミングの授業を受けたクラス（以下，プログラミングクラスとする）と，まったく

表 3-1　JavaScript の授業のシラバス

授業回数	授業内容
第 1 回	JavaScript の概要と記述のルール
第 2 回	イベントハンドラの利用，関数の基本
第 3 回	変数の利用，変数の演算
第 4 回	配列，関数の引数
第 5 回	繰返し処理，文字の表示
第 6 回	条件分岐 1　if 文，if ～ else 文
第 7 回	条件分岐 2　switch 文
第 8 回	break と Continue，関数の戻り値
第 9 回	文字入力とエラー処理，オブジェクト
第 10 回	ウィンドウの操作，スクロールの操作
第 11 回	文字色，背景色の操作，画像の操作-1
第 12 回	画像の操作-2，サムネイル画像の利用
第 13 回	日付，時間の操作
第 14 回	Math オブジェクト
第 15 回	一定間隔での処理を繰返す

受けていない情報処理概論という，講義科目だけを受けたクラス(以下，非プログラミングクラスとする)について，同じ問題を出題し，その結果を比較した．

評価結果の予測

・プログラミングクラスは，論理の思考が育成されるので，受講前と受講後の点数は，受講後の方が高くなっている．
・非プログラミングクラスは，論理の思考を育成していないので，受

講前と受講後の点数には，大きな変化は生じない．

3.3 結果

受講前のテストを 2013 年 5 月に，受講後のテストを 2013 年 7 月に実施した．評価人数はプログラミングクラスが 37 名で，非プログラミングクラスが 39 名であった．

まず，各得点の分布に関して Shapiro-Wilk の正規性検定を行ったところ，すべての得点が正規分布に従っていた．そこで，授業内容，評価前後による 2 要因混合分散分析を行った．授業内容は有意差はなし，評価前後は表 3-3 に示すように主効果 ($F(1,74)=9.94, p<.01$) で有意な結果となった．

以下は得点結果からわかることである．
(1) プログラミングクラスの学生では，受講前と受講後の得点の平均は，受講後の方が高くなっている．3.0 点から 3.6 点に上昇している．
(2) しかし，非プログラミングクラスにおいても，受講後の得点の平均が高くなっている．しかも，その点数の伸び幅は，プログラミングクラスよりも大きい．2.5 点から 3.4 点に上昇している．2 要因混合分散分析の結果から，授業内容に関して有意な結果は得られな

表 3-2 論理の思考の得点結果

	プログラミングクラス		非プログラミングクラス	
	5 月	7 月	5 月	7 月
N（人）	37	37	39	39
Mean（点）	3.0	3.6	2.5	3.4
S.D.（点）	1.6	2.2	1.4	1.8

表3-3 2要因混合分散分析の結果

A（2） = 授業内容
B（2） = 評価前後

S.V	SS	df	MS	F	
A	6.9426	1	6.9426	1.65	ns
subj	310.9258	74	4.2017		
B	21.9064	1	21.9064	9.94	**
AxB	0.7222	1	0.7222	0.33	ns
sxB	163.1462	74	2.2047		
Total	503.6433	151	+$p<.10$	*$p<.05$	**$p<.01$

かったが，評価前後に関しては有意な結果となった．
(3) 10点満点で，各問題は5択であるため，最低2点は取れるが，両クラスとも平均3点台なので正解率が悪い．
(4) プログラミングクラスでは，7点以上が増えている．そこでこの結果と授業の成績の関係について調べてみた．この5名の学生の評価が90点以上のS（最上）であった．

3.4　考察

今回の評価結果だけでは，プログラミングクラスの学生の論理の思考が育成されたとはいえない．また，出題した問題が，プログラミングによる論理の思考を正確に評価できる内容ではなかったようである．
しかし，この評価結果で注目するのは，前節の (4) である．受講後の問題解答で，7点以上の得点を取得している学生の授業の最終成績が全

員，S（最上）の評価となったことである．このことは，プログラミング教育による思考の獲得への何かしらの効果が生まれた可能性があると考えられる．

3.5　まとめと課題

　プログラミングの授業を行い，論理の思考に関する調査問題を用いたが，受講前後に関しては有意な結果となったが，学習内容に関して有意な結果とはならなかった．よって，今回の調査では論理の思考を獲得できたとする結果を得ることはできなかった．しかし，結果の中でプログラミングクラスの学生のうち，受講後の問題で高得点を挙げた学生全員は，プログラミングのスキルとしての授業の成績が最も良い結果となっていた．これは授業での成績が優秀であると，このような評価問題も高得点の傾向にあることが予想される．また，今回の評価問題は，プログラミングの授業で教えた内容にかかわっていないことや，問題として難易度の高いものがあった．そこで，次回の調査では，今回の結果を踏まえた難易度の調整を行う．

プログラミングで獲得される手順の思考

4.1 目的

　本章の目的は，プログラミングの授業を行い，その前後で手順の思考が獲得されたかを調査する．そこで，プログラミングの授業では，JavaScriptを用いた授業を行い，受講した学生が，2014年6月の受講時と7月の受講時では，手順の思考を身につけられたかを数値的に評価する．

　第3章では，国家公務員Ⅲ種および地方公務員初級における採用試験の過去問題において，論理の思考を問う問題を選び出し評価を行った．しかし，第3章の論理の思考に関する評価問題はプログラミングの授業を受けた内容に関連していなかったことと，プログラミングでは手順に関する時間的な要因を考慮する必要があるので，この章では，手順の思考について調査した．また，第3章における論理の思考を測定する期間が，5月と7月の2か月で長かったため，もう少し短い期間で評価問題を解かせるようにした．これらのことを踏まえ，2014年度の前期のプログラミングの授業において，上記を考慮した問題として，高等学校共

通教科「情報の科学」教科書に掲載されているナンプレを解法するプログラミングを作成するために，解法の手順を示しながら正解を導く例題があった．そこで，この例題を評価問題とした．また，評価時期は，受講前を6月，受講後を7月として，前後の時期を短くして実施した．

4.2 方法

プログラミングの授業を受けることで，手順の思考を獲得できるかを確認する．今回は，評価問題として，ナンプレを使用した．ナンプレを使用した理由は以下のとおりである．

1. プログラミングは，記述の順番が正確でないと動作しない．よって，このような手順の思考を図るものとして，ナンプレの解法手順が良い．
2. ナンプレを自由に解かせるのではなく，プログラミングをするための解法の手順を示しており，手順の思考を測定する問題として使用できると判断した．
3. 高等学校共通教科「情報の科学」の教科書に掲載されている（山際・岡本 2003）．調査の対象が大学生であるので，問題のレベルとして高校卒業時の内容がふさわしいと考えた．

4.2.1 授業内容

手順の思考を育成するには，ただ単に，JavaScript の使い方を教えただけや，育成を意識しない内容であってはならないので，7月の受講時の点数が向上するようにと考えた．そこで，手順の思考が育成できるような授業内容として，以下のように6月から7月までに5回の授業として行った．特にプログラミングで獲得される手順の思考が育成される内

容として，

- 条件
- 繰返し

が有効であると考えたので，これらを教える前後に評価を行うこととした．授業実践では，学生自身が，プログラムがどのような順番で動作しているかをきちんと追えるように指導した．それを繰返すことで，バグがあった場合には，学生自身でそれを見つけ，バグの原因が発見でき，修正できるようにプログラムを理解させた．

○授業5回の内容
- 繰返し処理
 for 文，比較演算子
- 繰返し処理と文字の表示
 2重ループの繰返し処理
 JavaScript で九九の表を作る．
- 選択処理 その1
 if else 文で処理を2つに分岐させる．
- 選択処理 その2
 else if 文で処理を3つ以上に分岐させる．
 論理演算子の利用
- break と continue
 それぞれの利用方法
 While 文による繰返し

実際に授業で使用したプログラムの例題については，付録4-1（112頁）に示す．

4.2.2 評価方法

手順の思考を育成されるとするプログラミングの授業を，2014年6月から7月の5回の授業において，前章で示した内容で授業を行った．6月の受講時と7月の受講時で手順の思考が育成されたかを数値で評価した．評価方法は以下のとおりである．

1. 手順の思考が育成されたかを判断するものとして，4×4（4行4列）のナンプレを解かせた．時間は10分間とした．ナンプレは，本来は9×9（9行9列）であるのだが，この問題だと解答時間を要するので，4×4（4行4列）とした．

2. 評価の目的として，手順どおりにできるかを確認したかったので，付録4-2，4-3（116, 117頁）のような問題とし，その過程を問いに従って解いてもらうようにした．

   なお，解答の途中に問いがあるのは，ナンプレだけを書いておくと，学生が自由な解答となること，また，問題の意味がわからない場合には，0点，つまり何もできない学生が多くなることを懸念したためである．

3. 2.の問題について，実験群としてプログラミングの授業を受けたプログラミングクラスと，統制群としてプログラミング教育をまったく受けていない，非プログラミングクラスとして「情報処理概論」という講義科目だけを受けたクラスについて，同じ問題を出題し，その結果を比較した．

4.3 評価結果の予測

- プログラミングクラスは，手順の思考が育成されるので，6月の受講時と7月の受講時の点数は，7月の方が高くなっている．
- 非プログラミングクラスは，手順の思考を育成していないので，6月と7月の点数には，大きな変化は生じない．

4.4 結果

評価の全結果を付録4-4（118頁）に示した．評価人数は，プログラミングクラスが32名で，非プログラミングクラスが51名であり，得点結果を表4-1に示した．

まず，各得点の分布に関してShapiro-Wilkの正規性検定を行ったところ，いずれの得点も正規分布に従っていないことが示されたので，以降の分析ではノンパラメトリック手法を用い，学習内容の得点比較においてはMann WhitneyのU検定，事前事後得点の比較においてはWilcoxonの符号付き順位検定を行った．具体的には，受講前（6月）と受講後（7

表4-1 手順の思考の得点結果

	プログラミングクラス		非プログラミングクラス	
	6月	7月	6月	7月
N（人）	32	32	51	51
Mean（点）	6.2	6.6	5.9	6.3
S.D.（点）	1.8	1.6	2.5	1.5

（10点満点）

月）の各時点において，プログラミングクラスと非プログラミングクラスの得点比較を行った．また，プログラミングクラスと非プログラミングクラスそれぞれについて，受講前後の得点比較を行った．なお，各問題において受講前後におけるクラス間の比較と，各クラスにおける受講前後の比較の計2回の比較がなされることから，検定の多重性を考慮して有意性の判定にはBonferroni法によって調整した有意水準を適用した（調整後の$\alpha=.05/4=.0125$）．

この検定の結果，受講前の時点では，プログラミングクラスと非プログラミングクラスの得点に差はみられなかったのに対して，受講後でも両クラスの得点に差はみられなかった．また，受講前後の得点では，プログラミングクラスが，非プログラミングクラスとも受講前後の得点に差はみられなかった．

得点結果より以下のことがわかる．

(1) プログラミングクラスの学生は，6月の受講時と7月の受講時の得点の平均は，7月の受講時の方が高くなっている．6.2点から6.6点に上昇しているが有意な結果ではなかった．

(2) しかし，非プログラミングクラスも，7月の受講時の得点の平均が高くなっている．しかも，その点数の伸び幅は，プログラミングクラスとほぼ同じで，5.9点から6.3点に上昇しているが有意な結果ではなかった．

(3) 各設問に答えずに，ナンプレを正解すると，6点分であるので，どちらのクラスも手順をみる途中の問題を解いていないものが多い．

(4) プログラミングクラスの学生は，2点以上の点数が上がった学生，優秀者が6名（18.8%），非プログラミングクラスの学生も6名（11.4%）であった．この結果と授業の最終成績の関係について調べ

てみたところ，プログラミングクラスの学生の 6 名のうち，4 名が最上の成績である評価 S（5 段階評価）であった．非プログラミングクラスの学生についても同様であり，6 名のうち，4 名が最上の成績である評価 S（5 段階評価）であった．

(5) 点数が上昇した学生の割合は，プログラミングクラスの学生の方が多かった．点数が下降しなかった学生の割合も若干だか，プログラミングクラスの方が多かった．

4.5　考察

今回の得点結果だけでは，プログラミングクラスの学生に手順の思考が育成されたとは，明確にいえることはできない．その理由は，プログラミングクラスの得点だけが向上すると思われたが，両クラスの得点が向上している結果となったことである．また，プログラミングクラスと非プログラミングクラスの評価問題の得点差が出ていないことにある．

また，今回の評価問題の欠点として，学生の点数が 0 点になることを警戒しすぎたことと，手順を意識させたかったため，ナンプレの解法に関するヒントを多く与えた．これは，最終的な正解を導くために 1 つだけの手順によって解法してもらいたく，また，この手順が理解できるかを評価したかったのだが，逆に途中の問題の解説の意味が理解できず，手順に従わず，ナンプレを解法した解答だけを行った学生が多かったからである．

よって，問題を解く手順に関する思考の過程が重要であったので，出題の方法としては，ナンプレの問題と，付録の第 4 章にある最初のヒントの 1 つだけを示し，その後の解答をすべて記述した方が良かったと考える．また，解法の過程の記述が苦手な学生も多いので，その対策として，最初からの解き方をインタビュー形式で行い，どのように解答をし

ていったかを聞き取ることも必要であった．

また，実際に今回の調査対象の学生にはいないのだが，日頃，ナンプレに慣れている学生であれば，この問題での成績が良くなってしまうのではないかということも考えられた．

上記のような結果に対しては，注目される点もある．前述の 4.4 節の (4) で示した点であるが，7 月の受講時の点数が，6 月の受講時よりも 2 点以上の点数が上昇している学生の最終成績が良いことが，前回の調査と同様の結果となった．このことは，プログラミングクラスの授業により，手順の思考が育成されたというよりも，本調査の学生に関しては，大学に入学する前までに，もともとこのような問題を解く素養があった．あるいは高校までに数学などが好きで，このような問題を解くための思考をもっていたと考えられる．

4.6 まとめと今後の課題

プログラミングの授業により，受講の前後で手順の思考を育成できる結果を得ることはできなかった．しかし，手順の思考の評価問題として，ナンプレが有効ではなかったことを示すことができた．このことは，第 3 章と同様にプログラミングで獲得される思考を評価する場合，評価する問題を準備し，評価したい思考が獲得されたことを統計分析の結果として示すことが大変難しいといえる．

しかし，今回の評価結果で得点が向上した学生は，第 3 章の論理の思考の調査結果と同様に，授業の最終成績が最良である学生が多い結果となっていた．このことは，大学生であるため，高校生までの学習の効果が出ていると予想される．

今後の課題としては，手順の思考を評価できる問題を再検討すること，特にプログラミングで獲得される思考として，プログラムの手順について考えさせる問題を準備し，プログラミングの授業の受講前後で今

回と同様に調査し分析をする.

プログラミングで獲得される抽象の思考

本章では，プログラミングの授業を行い，受講前後で抽象の思考が獲得されたかを調査する．プログラミングで獲得される抽象の思考について，3つの段階で調査した結果を示す．

5.1 構造化プログラミングの構成要素（繰返し）の理解度に関する調査と分析

5.1.1 事前調査の目的

大学における一般情報教育としてのプログラミングの授業を行い，この授業の前後で抽象の思考が育成されているかを評価する．本節では，2016年9月から2017年1月の授業において，本調査を行うための事前調査として行っており，今回得られた結果をもとに評価方法を検討することを目的としている．

今回の調査では，抽象の思考として，構造化プログラミングの構成要素である繰返しに関する理解度だけに絞り，受講前後にこの思考が獲得されているかを評価することとした．この理由として，第3章と第4章では，一般的な概念としての論理あるいは手順について調査し分析した

が有意な結果を得ることはできなかった．そこで，プログラミングで獲得される思考として，プログラミングの授業で学習した内容に限定することとした．よって，評価問題を構造化プログラミングの構成要素である繰返しを用いたプログラムを作成するものとし，抽象度を高くするために，日本語で表記されたものとした．これにより学習したプログラミング言語に依拠しない形で，思考の獲得を調査することにした．

5.1.2　方法

　評価対象は，対象を関西学院大学の共通教育センターで開講している情報科学科目の履修学生とした．この情報科学科目を履修しているのは，いずれも非情報系学部・学科に所属している1年生から4年生である．また，この科目は選択科目であり，履修学生は希望者が多数のため抽選で決まっている．

　授業期間は2016年4月から7月，評価問題は，プログラミングで利用される繰返しに関する理解度が調査できる問題として，慶應義塾大学湘南藤沢キャンパスが実施した2014年度の一般入試科目としての「情報」参考問題の第6問［付録5-1（120頁）を参照］について，若干の改変をして利用した．

　プログラミング教育を実践したクラス（以下，プログラミングクラス）は，科目名が「コンピュータ言語（Java）」であり，Javaを用いてプログラミング初心者向けの授業を行った．履修人数は30名であったが，5月と7月の両方の評価問題に解答したのは23名であった．また，プログラミングの授業を受けていないクラス（以下，非プログラミングクラス）は，科目名が「コンピュータ実践（ホームページ作成）」で，初心者向けの内容であり，Webサイト制作をHTMLとCSSによって行う授業であった．履修人数は45名であったが，こちらは両方の評価問題に解答したのは38名であった．

　今回は本調査に向けた事前調査であるので，1つの試みとして抽象の

表 5-1-1　調査対象のクラスについて

クラス名	履修人数	評価人数
プログラミングクラス（Java）	30名	23名
非プログラミングクラス（ホームページ作成）	45名	38名

　思考の評価問題を意識した教え方は，授業開始当初からまったく行わなかった．ただ単に，Javaによるプログラミング教育を初心者向け内容で行ったのである．このことは，特別な準備などをしてなくても，プログラミング教育を実施すれば，抽象の思考に関する能力が向上するという結果が出ると考えたからである．また，授業においても抽象の思考を意識させるというよりは，プログラミングとして基本事項の構造化プログラミングの構成要素である，順次，条件分岐，繰返しを理解させ，これらの配列を利用することで，プログラムをより効率良く作成できるということを理解させることを一番の目的とした．次に，この授業のシラバスを示す．なお，第2回から第9回までは，プログラミングの基礎を学習させるために教科書（2006）を使用して授業を実施した．

「コンピュータ言語（Java）」のシラバス

第 1 回　　オリエンテーション

第 2 回　　順次処理 1　データの出力，入力

第 3 回　　順次処理 2　四則計算

第 4 回　　選択処理 1　if 文，if 〜 else 文

第 5 回　　選択処理 2　switch 〜 case 文

第 6 回　　繰返し処理 1　for 文，while 文，do 〜 While 文

第 7 回　　繰返し処理 2　無限ループ，二重ループ

第 8 回　　配列 1　1 次元配列

第 9 回　　配列 2　2 次元配列

第 10 回　アニメーション 1　図形を表示する

第 11 回　アニメーション 2　図形をたくさん描く

第 12 回　アニメーション 3　図形を動かす

第 13 回　アニメーション 4　いくつかの図形によるアニメーション

第 14 回　アニメーション 5　配列を利用してプログラムを簡潔にする

5.1.3　評価方法

　抽象の思考の評価に関しては，2016 年 5 月から 7 月の授業において，前節のシラバスにおける順次処理までの授業が終わった次の第 4 回における 5 月の受講時に事前テストを実施し，第 13 回における 7 月の受講時に事後テストを実施して評価した．評価方法は以下（次）のとおりである．

1. 抽象の思考についての能力が育成されたかを判断する問題として，以下に示すように，5月は問題1で実施し，7月は問題2により実施した．解答時間は，2回とも10分間とした．なお，7月の実施にあたっては，5月の問題の正解および各自の得点について一切公表はしなかった．

2. プログラミングクラスと，まったく受けていない非プログラミングクラスについて，同じ問題を出題し，その結果を比較した．

3. 5月の問題1と7月の問題2は問題を若干変更している．理由として5月の正解や点数を学生に伝えていなくても，まったく同じ問題であれば確実に点数が向上すると考えられたので変更を加えた．そこで，問題2の手順におけるB.に関して，解答すべき箇所を1か所だけ増やしている．

問題1（5月実施）

次の手順は1から10までの合計を計算するものである．以下の①から④に当てはまるもっとも適切な語句を下の選択肢（1）〜（5）から選びなさい．

（手順）
A. 合計 sum を①と置く
B. 足す数 n が1から②までのそれぞれについて次の処理を繰返す
C. 処理の始め
D. ③に④を加える
E. 処理の終わり

※①〜④の選択肢
(1) 0
(2) 1
(3) 10
(4) n
(5) sum

※1問 2.5 点，計 10 点満点

問題 2（7 月実施）

次の手順は 2，4，6，8…100 までの合計を計算するものである．以下の①から⑤に当てはまるもっとも適切な語句を下の選択肢（1）〜（6）から選びなさい．

（手順）
A. 合計 sum を①と置く
B. 足す数 n が②から③までのそれぞれについて次の処理を繰返す
C. 処理の始め
D. ④に⑤を加える
E. 処理の終わり

※①〜⑤の選択肢
(1) 0
(2) 1
(3) 2
(4) 100
(5) n
(6) sum

※1問 2 点，計 10 点満点

5.1.4 評価結果の予測

- プログラミングクラスは，抽象の思考が獲得されているので，5月の受講時と7月の受講時の点数は，7月の方が向上している．
- 非プログラミングクラスは，抽象の思考が獲得されていないので，5月の受講時と7月の受講時の点数には，大きな変化は生じない．

5.1.5 結果

抽象の思考の得点の結果を表5-1-2に示す．また，得点分布を図5-1-1から図5-1-4に示す．

各得点の分布に関してShapiro-Wilkの正規性検定を行ったところ，いずれの得点も正規分布に従っていないことが示されたので，以降の分析ではノンパラメトリック手法を用い，学習内容の得点比較においてはMann WhitneyのU検定，事前事後得点の比較においてはWilcoxonの符号付き順位検定を行った．具体的には，受講前と受講後の各時点において，プログラミングクラスと非プログラミングクラスの得点比較を行った．また，プログラミングクラスと非プログラミングクラスそれぞれについて，受講前後の得点比較を行った．

表5-1-2　抽象の思考の評価結果

	プログラミングクラス		非プログラミングクラス	
	5月	7月	5月	7月
N（人）	23	23	38	38
Mean（点）	4.8	5.7	3.6	4.5
S.D.（点）	1.8	1.6	2.5	1.5

なお，受講前後におけるクラス間の比較と各クラスにおける受講前後の計2回の比較がなされることから，検定の多重性を考慮して有意性の判定には Bonferroni 法によって調整した有意水準を適用した（調整後の $\alpha=.05/4=.0125$）．

　この検定の結果，受講前の時点では，プログラミングクラスと非プログラミングクラスの得点に差がみられなかったのに対して，受講後でも両クラスの得点に差はみられなかった．しかし，プログラミングクラスでは受講前に比べて受講後の得点が高いことが見いだされ（$p=.018$），非プログラミングクラスでも受講前に比べて，受講後の得点が高いことが見いだされた（$p=.015$）．

（1）表5-1-2において，プログラミングクラスの学生は，5月の受講時の得点より7月の受講時の得点が高くなっている．0.9点上昇している．

（2）しかも，非プログラミングクラスにおいても，7月の受講時の得点が高くなっている．しかも，その点数の伸びは，プログラミングの授業を受けたクラスとほぼ変わらず，0.9点上昇している．

（3）問題1と問題2における各選択肢に関する正答率については，図5-1-5が5月の両クラスの結果，図5-1-6が7月の両クラスの結果である．特に正答率が低いのは，両月とも選択肢①であった．

（4）他の選択肢については，プログラミングの授業を受けたクラスの方が正答率は高いが，図5-1-5と図5-1-6からでは，抽象の思考に関して，受講したクラスの方がより成果が上がっているという結果を示していない．

第 5 章　プログラミングで獲得される抽象の思考　　49

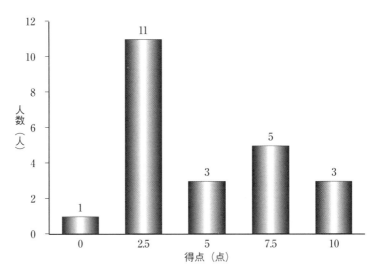

図 5-1-1　プログラミング受講（5 月）得点分布

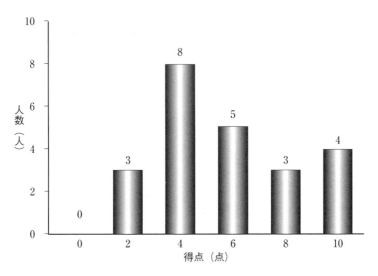

図 5-1-2　非プログラミング（5 月）得点分布

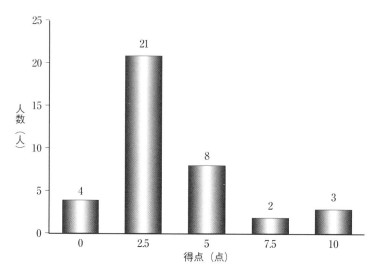

図 5-1-3　プログラミング受講（7 月）得点分布

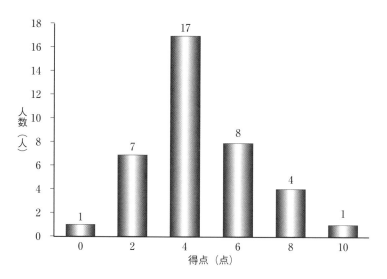

図 5-1-4　非プログラミング（7 月）得点分布

第 5 章　プログラミングで獲得される抽象の思考　　51

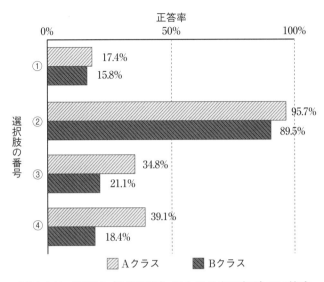

図 5-1-5　問題 1（5 月実施）における各選択肢の正答率

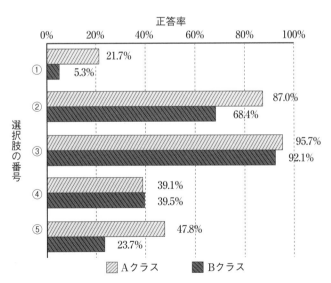

図 5-1-6　問題 2（7 月）における各選択肢における正答率

5.1.6 考察

今回の結果だけでは，プログラミング教育の授業を受けた学生に抽象の思考が獲得されたとは，明確にいえることはできない．

問題点としては，表5-1-2における5月の両クラスの受講前後の平均点の上昇がほぼ同じとなっていることである．この差が大きくないと，プログラミングクラスの抽象の思考が高くなったとはいえない．

また，各選択肢の正答率を示している図5-1-5と図5-1-6からわかることは，プログラミングの授業を受けたクラスにおいても，変数の初期化に関する設問である選択肢①での正答率が大変悪い結果となっている．また，プログラミングクラスの7月の正答率が5月の正答率よりも大幅に良くなっているという結果にはならなかった．この点については次回の本調査に向けて改善する必要がある．特に変数の初期化については，点数を向上させたい．ただし，今回使用した問題において，このような記述に慣れていない場合には，文面がわかりにくかったのではないかということも考えられる．よって文面については変更することを検討する．

ここからは，成績別の考察を行う．まず，7月の点数が満点であった成績上位群について表5-1-3に示す．プログラミングクラスにおいて，7月の点数が10点満点であった学生は23名中4名となってことがわかる．しかも，7月だけ満点が2名いた．非プログラミングクラスでは，7

表5-1-3 10点満点の人数

	5月の満点	7月の満点	7月だけ満点
プログラミングクラス	3	4	2
非プログラミングクラス	3	1	0

月だけ満点はいなかったので，今回の調査で，プログラミングの授業をすることで，抽象の思考が向上したことは示していると考える．

高校生の実施結果との比較

ここでは，慶應義塾大学の参考問題を高校生に解答させた結果と比較をする．河合塾の「キミのミライ発見」に掲載されている神奈川県立柏陽高等学校における実施報告である．この実施での対象は「情報の科学」を履修した高校1年生で，4月から情報科の授業を始めて10月にこの試験を実施したとしている．その中から，付録第5章にある参考問題を解答させた結果が図5-1-7である．なお，図5-1-7では本報告の調査結果と合わせるため，大学生の評価で行った問題における選択肢の番号を使用している．

この図5-1-7と図5-1-6を比較すると，大学生のプログラミングの授業を受けた学生の選択肢①の正答率があまりにも悪いことがわかる．これは，授業で変数の初期化について十分な理解ができていない結果と

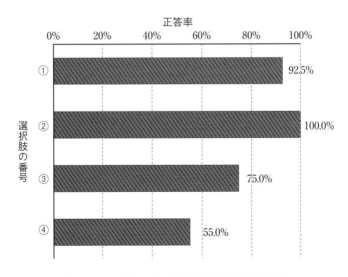

図5-1-7　高校生の各選択肢における正答率

なっている．当初の授業で変数の初期化については取り上げているが，今回の問題に適用できるような力が備わっていなかったと考えている．

選択肢②は正答率の差は大きくないが，選択肢③と④の結果においても，図5-1-6のプログラミングの授業を受けたAクラスの正答率が下回っている．これは繰返しに関する問題であるので，本調査に向けて，授業内での教授法を検討していきたい．

5.1.7　事前調査のまとめと課題

プログラミング教育を行うことで，抽象の思考を評価するための事前調査を行った．抽象の思考が向上したことを明確に数字として示す結果を得ることはできなかった．過去の調査と同様にプログラミング教育を行ったうえで，抽象の思考を評価する場合，評価に相応する問題を準備し，受講後の結果として能力が向上したことを数値として示すことは大変難しいといえる．しかし，本調査に向けて，どのような点に注意して授業を展開していけば良いかがわかった．特に授業の最初，導入時における変数の初期化については十分に配慮したい．今回は，抽象の思考を評価する問題として，大学入試の情報における参考問題を使用したが，本調査では問題の文面を初めて読んだ場合でもわかりやすい表現に変更をしたいと考えている．

結果の中では，プログラミングの授業を受けたクラスにおいて，成績上位群では7月の満点の学生が増加したということが判明した．ただし，これらの学生は5月の得点も満点ではないが良かった．本調査に向けて，本報告で得られた結果をもとに，授業の内容と評価問題について再度検討を行う．

5.1.8　本調査の目的

本調査は，事前調査でプログラミングクラスと非プログラミングクラ

スの受講前後の得点が有意であったので，2016年9月から12月の授業において，同様の方法で実施した．本節では，この調査結果と分析を示す．

5.1.9　方法

対象は，事前調査と同様に関西学院大学の共通教育センターで開講している情報科学科目の履修学生とした．この情報科学科目を履修しているのは，いずれも非情報系学部・学科に所属している1年生から4年生である．なお，今回のプログラミングクラスは，「コンピュータ実践（ホームページ作成）」，非プログラミングクラスは「コンピュータ実践（表計算）」である．事前調査とは授業名が異なるが，プログラミングクラスでの学習内容は同じであることと，このクラス以外の授業と比較するために，担当であるこの授業を選択した．表5-1-4に各クラスの履修人数と評価人数を示した．履修人数より評価人数が少ないのは，事前事後でテストを受けていない学生がいたからである．

表5-1-4　本調査対象について

	履修人数	評価人数
プログラミングクラス（ホームページ作成）	30名	25名
非プログラミングクラス（表計算）	45名	36名

5.1.10　授業内容

プログラミングの授業は，JavaScriptを用いてプログラミングの初学

者向けにプログラム作成方法の基礎を学習する．エディタとしてTeraPad，それをブラウザで確認するというテキスト入力を行う方法で実施した．授業の目的は，動的な Web サイトの作成の基礎を身につけることとし，プログラミング教育を初心者向けの内容として実施した．

また，テキスト入力としているのは，このような環境であっても，プログラミング教育を実施すれば抽象の思考が向上する結果が出るという考えに基づいている．授業においては抽象の思考を意識させるというよりは，プログラミングとして基本事項である，順次，条件分岐，繰返しを理解させ，これらに配列を利用することで，プログラムをより効率良く作成できるということを理解させることを一番の目的とした．以下に，この授業のシラバスを示す．なお，教科書（相澤 2011）を使用して授業を実施した．表計算クラスは，表計算ソフトの Excel の応用を学ぶクラスであり，列の検索や，条件付き集計を関数で求められる，ピボットテーブルを利用して集計できることを最終目標とした．

<u>コンピュータ実践（HP 作成：JavaScript）のシラバス</u>

第 1 回　オリエンテーション

第 2 回　HTML の基礎，画像の表示，ハイパーリンクの設定

第 3 回　イベントハンドラの利用，関数の基本，変数の利用，変数の演算

第 4 回　配列，関数の引数，繰返し処理，文字の表示

第 5 回　条件分岐，if 文，if ～ else 文，switch 文

第 6 回　break 文と continue，関数の戻り値

第 7 回　文字入力とエラー処理，オブジェクト

第 8 回　ウィンドウの操作，スクロールの操作

第9回　文字色，背景色の操作，画像の操作

第10回　日付，時間の操作，Math オブジェクト

第11回　一定間隔での処理を繰返す，簡単なアニメーション

第12回　最終課題1　各自で15枚以上の静止画を利用してアニメーションを作成

第13回　最終課題2　各自で15枚以上の静止画を利用してアニメーションを作成（第12回の継続）

評価

評価は2016年9月から12月の授業において，上記のようなシラバスで授業を実施した．事前テストは第4回の冒頭における10月の受講時と，事後テストは第12回の冒頭における12月の受講時において評価を実施した．評価結果の分析方法は事前調査と同じである．

5.1.11　事前調査からの改善点

事前調査では，変数の初期化に関する得点が非常に悪かった．そこで，本調査のプログラミングクラスの授業内では，変数の初期化と，繰返しに関する理解度を高めるように，授業内で繰返しの部分を中心に詳細な説明を行った．ただし，評価問題に関する内容に関しては一切扱ってはいない．

5.1.12　結果の予測

・プログラミングクラスは抽象の思考の能力が育成されるので，10月の受講時と12月の受講時の点数は，12月の方が高くなっている．
・プログラミングの授業を受けていない非プログラミングクラスは，

抽象の思考の能力は育成されていないので，10月の受講時と12月の受講時の点数には，大きな変化は生じない．

5.1.13 評価結果

抽象の思考の得点結果を表5-1-5に示す．また，両クラスの得点分布を図5-1-8から図5-1-11，各問題番号の正答率を図5-1-12と図5-1-13に示す．

各得点の分布に関してShapiro-Wilkの正規性検定を行ったところ，いずれの得点も正規分布に従っていないことが示されたので，以降の分析ではノンパラメトリック手法を用い，学習内容の得点比較においてはMann WhitneyのU検定，事前事後得点の比較においてはWilcoxonの符号付き順位検定を行った．具体的には，受講前と受講後の各時点において，プログラミングクラスと非プログラミングクラスの得点比較を行った．また，プログラミングクラスと非プログラミングクラスそれぞれについて，受講前後の得点比較を行った．

なお，受講前後におけるクラス間の比較と各クラスにおける受講前後の比較の計2回の比較がなされることから，検定の多重性を考慮して有意性の判定にはBonferroni法によって調整した有意水準を適用した（調

表5-1-5 本調査の抽象の思考の得点結果

	プログラミングクラス		非プログラミングクラス	
	10月	12月	10月	12月
N（人）	25	25	36	36
Mean（点）	4.0	5.0	3.9	4.1
S.D.（点）	2.6	2.7	2.7	2.1

整後の $\alpha=.05/4=.0125$)．

　この検定の結果，受講前，受講後のいずれの時点においても，プログラミングクラスと非プログラミングクラスの得点に差はみられなかった．また，非プログラミングクラスとプログラミングクラスのいずれにおいても，受講前後の得点に差はみられなかった．

　以下，結果から得られた事項である．
・両クラスの得点分布を比較すると，それぞれ授業後の図5-1-9と図5-1-11において，得点が向上している履修学生が多いことがわかる．
・表5-1-5において，プログラミングクラスの履修学生の平均点は，10月の得点より12月の得点が高くなっており，1.0点上昇しているが有意な結果ではなかった．
・非プログラミングクラスにおいては，12月の得点の平均は高くなっているが0.2点であり，大幅な上昇ではない．
・問題1と問題2における各問題番号に関する正答率で，特に正答率が低いのは，両月とも問題番号①である．
・他の問題番号については，プログラミングの授業を受けたクラスの方が正答率は高いが，図5-1-12と図5-1-13からでは，抽象の思考に関して，受講したクラスの方がより成果が上がっているという結果を示してはいない．

5.1.14　考察

　表5-1-5のように，プログラミング教育の授業を受けたクラスの得点は大きく向上し，受けていないクラスの得点との差が出たが，有意な結果であることを示すことができなかった．よって，プログラミング教育の授業を受けた学生に，抽象の思考が獲得されたとは明確にはいえなかった．

　また，各問題番号の正答率を示している図5-1-12と図5-1-13からわ

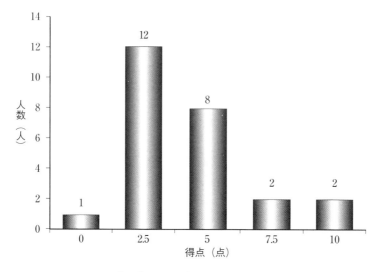

図5-1-8　プログラミングクラスの得点分布（10月）

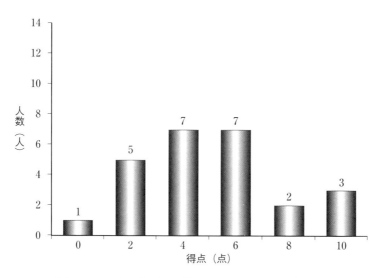

図5-1-9　プログラミングクラスの得点分布（12月）

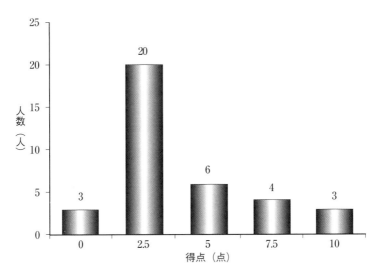

図 5-1-10　表計算クラスの得点分布（10 月）

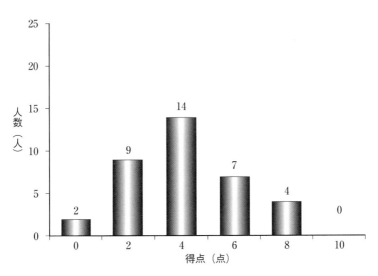

図 5-1-11　表計算クラスの得点分布（12 月）

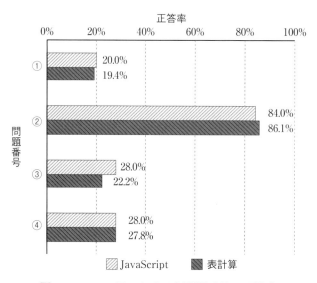

図 5-1-12　10 月における各問題番号の正答率

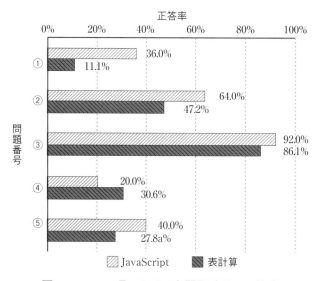

図 5-1-13　12 月における各問題番号の正答率

かることは，プログラミングの授業を受けたクラスにおいても，変数の初期化に関する問題番号①での正答率が大変低い結果となっていることである．プログラミングクラスの問題番号①の12月の正答率が10月の正答率よりも高くはなっているが，大幅に良くなっているという結果とはならなかった．

次に，表5-1-5に示したように，プログラミングクラスの得点の平均点は向上しているが，図5-1-8と図5-1-9の得点分布のように，全履修学生の得点が向上しているわけではなく，10月が高得点であっても，12月に得点が下がってしまう履修学生もいた．この点は，事前調査でも同じであったが，事後テスト実施時における，履修学生のモチベーションを維持することが難しいことを示している．

抽象の思考の能力を評価するうえでは，問題1であれば問題番号③と④，問題2であれば問題番号④と⑤の正答率について見るべきである．図5-1-13において，問題番号④の正答率が表計算クラスの方が高くなっているが，問題番号⑤では，プログラミングクラスの正答率が高い．しかし，両方正答率を合わせても，プログラミングによる能力の育成が向上したといえるほど，正答率は高くなかった．

得点群による評価

次に，プログラミングの授業を受けたことで，受講開始時に抽象の思考ができなかった学生が，できるようになったことを示す結果として，得点群による評価を行った．得点群として，10月の得点が，「0点と2.5点」「5点」「7.5点と10点」の3群に分け，それぞれの平均点が12月にどのように変化したのかを示したのが，図5-1-13（プログラミングクラス）および図5-1-14（非プログラミングクラス）である．図5-1-13より，10月の得点が下位群（0点と2.5点）において，平均点の向上がみられる．また表5-1-6と表5-1-7より，プログラミングクラスの得点下位群は，14名中11名の得点が向上し，平均点が2.1点から4.9点となった．表計算のクラスは，23名中17名の得点が向上し，23名の得点の平

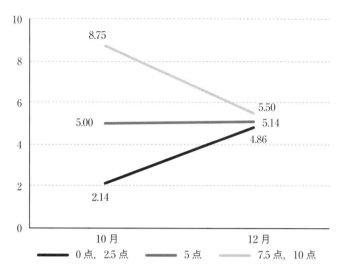

図 5-1-14　得点群における平均点
（プログラミングクラス）

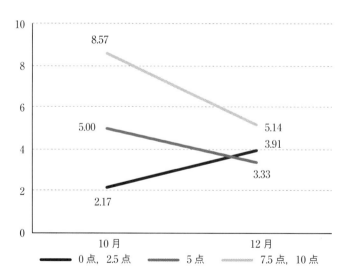

図 5-1-15　得点群における平均点
（非プログラミングクラス）

表 5-1-6　10 月得点下位群の得点上昇

	10 月の得点下位群（人）	得点上昇者（人）	得点上昇（点）
プログラミングクラス	14	11	2.72
非プログラミングクラス	23	17	1.74

表 5-1-7　10 月得点下位群における分析の結果

	プログラミングクラス		非プログラミングクラス	
	事前	事後	事前	事後
N	14	14	23	23
Mean	2.1	4.9	2.2	3.9
S.D.	0.9	2.8	0.8	2.2

均点が，2.2 点から 3.9 点となった．表 5-1-7 は 10 月の得点下位群だけの評価結果を示す．

事前，事後テストの平均を比べると事後テストの方が大きく，両クラスとも抽象の思考についての理解度を促進している効果があるようにみえたが，有意な差は見いだされなかった．

また，図 5-1-14 において，プログラミングクラスの 10 月の上位群の平均点が 12 月に下落しているのは，図 5-1-15 の非プログラミングクラスにも同様なことがいえる．これは，12 月の実施時に履修学生の問題への取り組み方を確認していたが，授業の成績には関係がないとしたため，問題への取り組みの姿勢が関係していると考えられる．

5.1.15 本調査のまとめと課題

プログラミングの授業を受けることで，抽象の思考を獲得できたかを評価するための本調査を実施した．授業前後の平均点の向上および事前テストにおける成績下位群の平均点の向上は示せたが，有意な結果ではなかった．過去の調査と同様にプログラミング教育を行ったうえで，抽象の思考を評価する場合，評価に相応する問題を準備し，受講後の結果として能力が向上したとする有意な結果を得ることは大変難しいといえる．しかし，事前調査では授業間と授業前後では有意な結果が得られており，プログラミング教育を行うことで育成される能力を直接的に評価する方法としての可能性があると考えられている．

5.2 構造化プログラミングの構成要素（順次，条件分岐，繰返し）の理解度に関する調査と分析

5.2.1 目的

本節では大学における一般情報教育としてのプログラミングの授業を行い，この授業の前後で抽象の思考が獲得されているかを評価する．ただし，前節までに使用した評価問題を変更したうえで調査し結果について分析する．

前節では，大学の一般情報教育におけるプログラミング教育において獲得される思考を抽象の思考として，この思考に関する評価問題を用意し，授業前後で調査を実施した．評価問題は慶應義塾大学の一般入試科目「情報」における参考問題を使用した．事前調査では，プログラミングクラス，非プログラミングクラスの両方ともに得点は向上し，授業前後では有意な結果ではあったが，学習内容では有意な結果とはならなかった．この結果を踏まえ，2016年度後期に本調査を実施した．しかし，本調査においても，学習内容，評価前後で有意な結果ではなかった．2つの調査では，評価問題において，構造化プログラミングの基本

要素である繰返ししか評価をしていない面があった．そこで，本節では，抽象の思考の評価問題を，構造化プログラミングの基本要素である，順次，条件分岐，繰返しを問う問題とし，文章もプログラミングの授業を受けていなくてもわかるような文言に修正したうえで評価を実施した．

5.2.2　方法

抽象の思考の評価問題を作成し，2017年5月から7月において，プログラミングクラスと時制を合わせて非プログラミングクラスにおいて，授業前後でこの思考が獲得されているかの評価を行った．

5.2.3　評価対象と授業内容

評価対象は関西学院大学の共通教育センターで開講している情報科学科目の履修学生とした．この情報科学科目を履修しているのは，いずれも非情報系学部・学科に所属している1年生から4年生である．また，この科目は選択科目であり，履修学生は希望者が多数のため抽選で決まっている．授業期間は，2017年4月から7月までの授業であり，授業回数は14回であった．表5-2-1に調査対象のクラスを示す．なお，両クラスの評価対象人数が少ないのは，授業前後でのテストを両方受験していない学生がいるからである．

表5-2-1　調査対象のクラス

クラス	科目名	履修人数	評価対象人数
プログラミングクラス	Java	30名	26名
非プログラミングクラス	コンピュータ基礎	39名	35名

授業内容は，プログラミングクラスは，科目名が「コンピュータ言語（Java）」であり，Java言語を用いてプログラミング初心者向けの授業を行っている．授業は総合開発環境「Eclipse」を用いて，プログラムをテキスト入力する形式で進めており，順次処理，分岐処理，繰返し処理を教えた後に，グラフィックスを用い各自で作成した図形を動かすことを最終課題とした．ビジュアル言語などの利用をしなかったのは，テキスト言語によるプログラミング教育であっても抽象の思考が向上するという結果が出ると考えたからである．また，授業においては，構造化プログラミングの基本構成である，順次，条件分岐，繰返しを理解させ，これらに配列を利用することで，プログラムをより効率良く作成できるということへの理解を一番の目的とした．以下に，この授業のシラバスを示す．なお，第2回から第9回までは授業で教科書として指定した書籍（長2014）を使用して授業を実施した．

　　　プログラミングクラス「コンピュータ言語（Java）」のシラバス

　第1回　　オリエンテーション
　第2回　　順次処理1　データの出力，入力
　第3回　　順次処理2　四則計算
　第4回　　選択処理1　if文，if～else文
　第5回　　選択処理2　switch～case文
　第6回　　繰返し処理1　for文，while文，do～While文
　第7回　　繰返し処理2　無限ループ，二重ループ
　第8回　　配列1　1次元配列
　第9回　　配列2　2次元配列
　第10回　アニメーション1　図形を表示

第11回　アニメーション2　図形をたくさん表示
第12回　アニメーション3　図形を移動
第13回　アニメーション4　いくつかの図形によるアニメーション
第14回　アニメーション5　配列を利用したプログラム

　一方，非プログラミングクラスは，科目名が「コンピュータ基礎」(以降，コン基礎とする)で，Microsoft Officeの操作が初心者向けの内容であり，Word, Excel, PowerPointを利用して，レポート作成やゼミ活動，卒業研究で必要となるPCスキルの基礎を教授する授業である．

5.2.4　評価問題

　抽象の思考を評価する問題は，5月と7月において，以下の3問ずつとした(付録参照)．評価問題は第2章で示した抽象の思考の定義に基づき，「順次処理，条件分岐処理，繰返し処理を用いて，手続きの順番を的確に記述でき，問題解決できる能力」を評価できることを目的とした．また，プログラミング教育の授業で教授する3つの処理を用いて，手続きの順番を並び替え，出題された問題に対して正確な結果を得ることができたかを判断させる内容とした．

5月実施
問1　ロボット掃除機の作業（順次と条件分岐を問う問題：配点4点）
問2-1　おはじきを箱に入れる（オリジナルで作成，繰返しを問う問題：配点5点）
問2-2　1から10までの数を表示する（繰返しを問う問題：配点6点）

7月実施

問 1　ロボット掃除機の作業（順次と条件分岐を問う問題：配点 4 点）

問 2-1　おはじきを箱に入れる（オリジナルで作成，繰返しを問う問題：配点 5 点）

問 2-2　10 から 100 までの数を表示する（繰返しを問う問題：配点 6 点）

　問 1 は 2017 年 1 月に公表された文部科学省（2017）による情報活用能力調査（高等学校）において，「情報の科学的な理解に関する問題」として使用された問題であり，ロボット掃除機の動作を示した要素は置いておき，フローチャートを完成させるものである．順次と条件分岐について問うものである．

　問 2-1 と問 2-2 は，抽象の思考における繰返しを評価するための問題である．問 2-1 は今回のためのオリジナル問題である．この問題を解かせたうえで，問 2-2 のプログラミングの問題に取り組んでもらうようにした．問 2-2 は，過去の調査における評価問題が，プログラミング教育を受けたことがない学生には，なじみのない表現（たとえば，繰返しの判定，代入文など）が含まれていたことから，より平易な表現に変更した．問 2-2 は，高等学校の教科「情報」における「情報の科学」の教科書の中にある問題を引用し，プログラミング教育を受けたことがない学生にもわかりやすい表現となるように文面を変更した．7 月は 5 月と同じ内容であるが，若干の変更をした．なお，7 月の実施にあたっては，5 月の正解および各自の点数は公表していない．

5.2.5　評価結果の予測

　プログラミングクラスは，抽象の思考が育成されているので，7 月の点数が高くなる．非プログラミングクラスは，抽象の思考が育成されて

いないので，5月と7月の点数に差は生じない．

5.2.6 評価結果

図5-2-1から図5-2-4までに，問1と問2-2でのプログラミングクラスと非プログラミングクラスの得点分布を示す．また，表5-2-2に問1，表5-2-3に問2-2の得点結果を示す．なお，問2-1は事前問題であるので評価しない．

問1と問2-2の得点分布に関してShapiro-Wilkの正規性検定を行ったところ，いずれの得点も正規分布に従っていないことが示されたので，以降の分析ではノンパラメトリック手法を用い，学習内容の得点比較においてはMann WhitneyのU検定，事前事後得点の比較においてはWilcoxonの符号付き順位検定を行った．具体的には，受講前と受講後の各時点において，プログラミングクラスと非プログラミングクラスの得点比較を行った．また，プログラミングクラスと非プログラミングクラスそれぞれについて，受講前後の得点比較を行った．

なお，受講前後におけるクラス間の比較と各クラスにおける受講前後の比較の計2回の比較がなされることから，検定の多重性を考慮して有意性の判定にはBonferroni法によって調整した有意水準を適用した（調整後の $\alpha=.05/4=.0125$）．

この検定の結果，受講前，受講後のいずれの時点においても，プログラミングクラスと非プログラミングクラスの得点に差はみられなかった．また，非プログラミングクラスとプログラミングクラスのいずれにおいても，受講前後の得点に差はみられなかった．

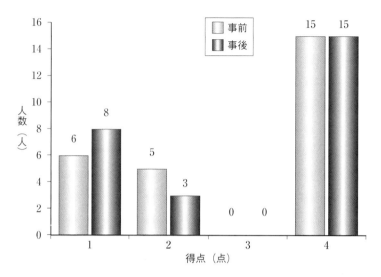

図 5-2-1　プログラミングクラスにおける問1の得点分布

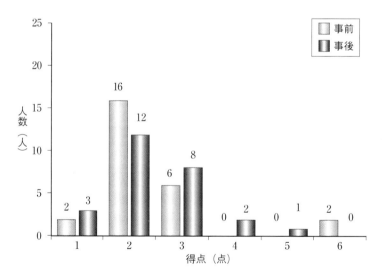

図 5-2-2　プログラミングクラスにおける問2-2の得点分布

第5章　プログラミングで獲得される抽象の思考　　73

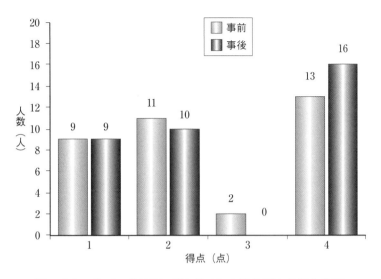

図5-2-3　非プログラミングクラスにおける問1の得点分布

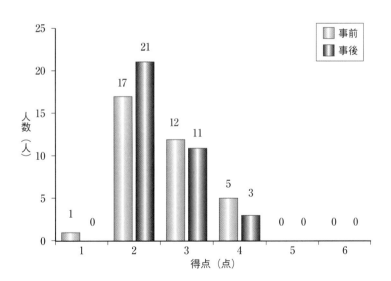

図5-2-4　非プログラミングクラスにおける問2-2の得点分布

表 5-2-2 抽象の思考の得点結果（問 1）

	Java		コンピュータ基礎	
	5月	7月	5月	7月
N（人）	26	26	35	35
Mean（点）	2.7	2.6	2.4	2.5
S.D.（点）	2.7	3.0	2.1	2.3

（問 1 の満点は 4 点）

表 5-2-3 抽象の思考の得点結果（問 2-2）

	Java		コンピュータ基礎	
	5月	7月	5月	7月
N（人）	26	26	35	35
Mean（点）	2.5	2.5	2.6	2.5
S.D.（点）	1.4	0.9	0.6	0.4

（問 2-2 の満点は 6 点）

5.2.7 考察

問 1 と問 2-2 に関して，プログラミングクラスと非プログラミングクラスにおいての学習内容と受講前後は有意な結果ではなかったが，それぞれの設問に関する考察を行う．

問 1 の考察

図 5-2-1 の Java クラスの得点分布をみると，事前事後では 4 問全問正

表5-2-4　問1に関する全問正答率

	Java		コンピュータ基礎	
	5月	7月	5月	7月
正答率	57.7%	57.7%	37.1%	45.7%

解している人数は変わっていない．この問題は，順次と条件分岐に関しており，授業において条件分岐も指導したが，得点は向上しなかった．

また，全問の正解者という観点からは，文部科学省の調査では高等学校の第2学年の4,552名を対象としており，4問のすべてが正解であった正答率は46.2%であった．今回の関西学院大学の調査では評価対象人数は少ないが，本調査における各クラスの全問の正答率は表5-2-4のとおりである．この正答率は決して大学生だからといって高いわけではない．その理由として，中学校の技術・家庭科の技術分野の内容であっても忘れてしまっていること，また掃除機を日常の生活で利用していても，この問題のフローチャートにあてはめて解答をさせた場合に，日常の利用では，問題にあるような項目を意識せずに利用していると考えられる．

問2-2の考察

プログラミング教育に関する授業を実施したクラスでは，この問題における得点が事後に向上することが期待される．しかし，表5-2-3のように，Javaクラスの平均点は向上しなかった．このことは，授業において繰返しを題材とした課題を行ったが，その理解が反映されていないことを示している．図5-2-2の得点分布においても，事前テストでは6点満点が2名いたが，事後では0名となっている．

問2-1の繰返しに関する事前問題を解かせたうえで，問2-2を解かせるようにしたが，繰返しの判定や代入文などのプログラミング特有の記

述が入ってくると，誤答が目立っている．特に，誤答が多かったのは，繰返しのループにおける判定としての解答群（A）の配置である．この配置は繰返しを始める最初にもってくるべきであるが，これを繰返しの最後にもってくるなどの誤答が多かった．

今回の調査では，この部分の成績が悪かったため，次回の調査では，シラバスを変更し，プログラミングの授業において，問題 2-2 の内容に関して各自がプログラミングによって，確実に実行できるようになるまで行い，評価問題に取り組ませたい．

5.2.8 まとめと今後の課題

プログラミングの授業で獲得される抽象の思考に関し，この思考を評価する問題による調査を実施した．プログラミングクラスと非プログラミングクラスにおいて，問 1 と問 2-2 の 2 つの問題での授業内容，評価前後での有意な差はみられず，抽象の思考が育成されたとはいえなかった．特に，本調査で向上を目指した繰返しへの理解度が低かったことがわかった．

今回の調査を踏まえ，2017 年度の後期に再度調査を実施する予定である．プログラミングの理解を深めるためにシラバスを変更するが，評価問題に対応できる抽象の思考を獲得できるように授業を展開したい．

5.3 プログラミングのスキルと構造化プログラミングの構成要素（順次，条件分岐，繰返し）の理解度との関係

5.3.1 目的

観測点と分析方法の説明

本研究で実施した授業と，取得したデータの授業回数との対応や分析方法の方針について図 5-3-1 と表 5-3-1 に示す．図 5-3-1 における観測点とは，授業回数における評価時期を意味する．対象となる授業は，プ

ログラミングのスキルの習得を学習目標としたクラス（以下，プログラミングクラス）とプログラミングのスキルの習得が学習目標ではないクラス（以下，非プログラミングクラス）であった．また，両授業において，図5-3-1のAからCの3つに観測点を置いて分析を行った．AからCの観測点は以下のとおりである．

A点　プログラミングクラスにおいて，受講後のプログラミングのスキルの習得度を，授業における最終課題の得点で確認した点．最終課題の得点は，繰返しの利用，アニメーションの実行時間，アニメーションで動かす絵の完成度，アニメーションで動かす絵の数，配列の利用について，各3点とし，15点満点で採点をした．

B点　プログラミングクラスと非プログラミングクラスにおいて，受講前のプログラミングの考え方の理解度を確認した点．

C点　プログラミングクラスと非プログラミングクラスにおいて，受講後のプログラミングの考え方の理解度を確認した点．

さらに，これらの観測点での3つの分析方法について説明する．

分析1：プログラミングクラスにおいて，授業で求めるプログラミングのスキルが習得されているかを明らかにするために，A点における最終課題の得点について分析する．

分析2：プログラミングのスキルの習得のみならず，プログラミングの考え方の理解度が向上しているかを確かめ，かつ，他の学習内容の授業でもプログラミングの考え方の理解度が向上するのではないかという可能性を明らかにするために，プログラミングクラスと非プログラミングクラスでのB点とC点の評価問題の結果を分析する．

分析3：プログラミングクラスにおいて，受講後のプログラミングのスキルの習得度とプログラミングの考え方の理解度の関係を明らかにするために，A点とC点との相関関係を分析する．

図5-3-1の観測点と分析1から分析3の関係を表5-3-1に示す．

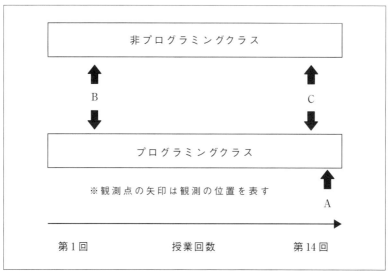

図5-3-1　観測点

表5-3-1　観測点と分析方法

	図1における観測点	観測対象	使用するデータ
分析1	A点	プログラミングクラス	プログラミングのスキルとしての最終課題の得点
分析2	B点とC点	プログラミングクラス 非プログラミングクラス	プログラミングの考え方の評価問題（事前（B点），事後（C点））
分析3	A点とC点	プログラミングクラス	プログラミングのスキルとしての最終課題の得点とプログラミングの考え方の評価問題（事後）

5.3.2 方法

実施した授業

実施した授業内容について以下に述べる．

実験群としたプログラミングクラスは，科目名が「コンピュータ言語（Java言語）」であり，学習目標はアニメーションを作成することで，順次処理，条件分岐処理，繰返し処理を理解させ，これらに配列を利用することで，プログラムをより効率良く作成できるようになることであった．学習内容として，アニメーションを作成するために必要となるためのことを，Java言語を用いてプログラミング初心者向けとして授業を行った．シラバスを表5-3-2に示す．授業は総合開発環境「Eclipse」を用いて，プログラムをテキスト入力する形式で進め，順次処理，条件分岐処理，繰返し処理を教えた後に，グラフィックスを用い各自で作成した図形を動かすプログラムの作成を最終課題として課した．なお，教科書として書籍［11］を使用した．評価は授業を担当した筆者が，提出されたアニメーションの作品のプログラムのソースコードを5つの観点から確認することで実施した．

統制群とした非プログラミングクラスの科目名は「コンピュータ基礎」であり，学習目標は，Word, Excel, PowerPointを利用して，他の授業でのレポート作成やゼミ活動，卒業研究で必要となるPCスキルの基礎を身につけることであった．学習内容はMicrosoft Officeの操作に関する初心者向けの内容であり，この授業のシラバスを表5-3-3に示す．評価としては毎回の授業における課題提出と，最終試験としてWordとExcelによる文書作成を行わせた．この授業ではプログラミングの考え方に関する理解に関する内容，たとえば順次処理，条件分岐処理，繰返し処理は教えていない．

抽象の思考に関する評価問題

プログラミングによる抽象の思考の理解度を評価する問題として以下

表5-3-2　プログラミングクラスのシラバス

第1回	ガイダンス，変数の宣言と使い方，プログラムで計算をさせ，変数の理解とプログラムによる計算方法を理解させる
第2回	オブジェクトについて，オブジェクトの定義と使い方について，簡単な例を挙げ，Javaにおけるオブジェクトの意味を理解させる
第3回	図形を表示する1　四角形，さまざまな色の利用 Javaによるグラフィックスにおいて，図形を描く方法とその図形に色を指定する方法を理解させる
第4回	図形を表示する2　楕円，四角形と楕円，文字列 図形を複数表示する方法を理解させる
第5回	繰返し，条件判断1　図形をたくさん表示，while文を利用 図形をたくさん表示させることをWhile文で書かせ，ある条件で位置をずらして図形を表示させるのをif文で書かせることで，繰返しと条件分岐を理解させる
第6回	繰返し，条件判断2　for文，if文を利用 図形をたくさん表示させることをfor文で書かせ，ある条件で位置をずらして図形を表示させるのをif文で書かせることで，繰返しと条件分岐を理解させる
第7回	アニメーションを作る1　図形をゆっくり表示，図形を移動 図形を画面の左から右，右から左に動かすことをここまでの授業で学んだことで実現させる．繰返しの理解を深める
第8回	アニメーションを作る2　図形をいろいろな方向に移動 図形を画面の下から上や斜めに動かすことをここまでの授業で学んだことで実現させる．繰返しと条件分岐の理解を深める
第9回	クラス・オブジェクト1　顔の図形を表示，オブジェクトの利用，オブジェクトを利用することで，複数の顔を短い行数で描けることを理解させる
第10回	クラス・オブジェクト2　図形の定義に速度情報，他の図形を定義，オブジェクトに複数の情報を定義できることを理解させる
第11回	配列1　前章までの復習，配列の利用，配列を利用させることで，プログラムを短くすることを理解させ，わかりやすいプログラムを書かせる
第12回	配列2　要素を増やしてみる．要素数を指定しないで多くの図形を移動，配列の要素を増やし，配列の利用方法の理解を深める
第13回	作品制作1　配列を利用して，各自のテーマでアニメーションを作成させる
第14回	作品制作2　配列を利用して，各自のテーマでアニメーションを作成し提出させる

表5-3-3 非プログラミングクラスのシラバス

第1回	講義概要，基本操作，日本語入力，タッチタイピング，情報倫理 キーボード入力の方法とキーボード入力練習の方法
第2回	電子メール，インターネット，情報倫理 インターネットからの情報の利用や電子メールの書き方，LMSによる情報倫理の方法を理解させる
第3回	Word1（Word入門）ビジネス文書作成 Wordでのフォントの書式設定，文字位置の設定方法を理解させ，簡単なビジネス文書を作成させる
第4回	Word2（Word実践）表の作成 Wordによる表作成の方法を理解させ，表の入ったビジネス文書を作成させる
第5回	Word3（Word活用 その1）図の利用 Wordによる図の挿入方法と図形の作成方法，ワードアートなどの利用方法を理解させ，見栄えの良い文書を作成させる
第6回	Word4（Word活用 その2）長文レポートの作成 Wordでのアウトラインやスタイルの利用方法について目次を作成することで理解させる
第7回	Excel1（Excel入門）数式の入力 Excelでの計算をセル，演算記号を利用して行うことと，フィルハンドルによる数式のコピーを理解させる
第8回	Excel2（Excel実践）関数の利用 合計（SUM）や平均（AVERAGE）などの関数を利用することで，数式を効率良く利用できることを理解させる
第9回	Excel3（Excel活用 その1）グラフ作成その1 棒グラフや折れ線グラフなどのグラフを作成する方法と，グラフのタイトルなど，グラフ内の項目を変更する方法を理解させる
第10回	Excel4（Excel活用 その2）グラフ作成その2 折れ線グラフや複合グラフの作成方法を学びながら，与えられた問題やデータにふさわしいグラフの作成方法を理解させる
第11回	ExcelとWordの連携（Word活用 その3） Excelで作成した表やグラフをWordへ貼り付ける方法について，リンクの貼り付けの方法を理解させる
第12回	PowerPoint1（PowerPoint入門） プレゼンテーションを行ううえでのスライドの作成を，図や図形の挿入，SmartArtの利用方法などを通して理解させる
第13回	PowerPoint2（PowerPoint実践） 画面切り替え設定，アニメーションの設定などを通して，スライドにある文字，図，図形に効果を加える方法を理解させる
第14回	授業内試験 WordとExcelによる文書作成を問題とする

の2問を用いた［付録第6章（123頁）参照．なお，問2-2をこの節では問2として使用］．この問題を採用した理由は，構造化プログラミングの基本構造である順次，条件分岐，繰返しの3つの処理を理解していて，手続きの順番を並び替えることが求められるためである．

    問1   順次と条件分岐を問う問題：題材はロボット掃除機の作業（配点4点）

    問2   繰返しを問う問題：題材は1から10の数字を表示（配点6点）

問1は，2017年1月に公表された文部科学省による情報活用能力調査（高等学校）において，「情報の科学的な理解に関する問題」として使用された問題であり，ロボット掃除機の作業を示した要素を置いておき，フローチャートを完成させるものであり，順次と条件分岐について問うものである．文部科学省の調査は高等学校第2学年の4,552名を対象とした正答率が46.2%であること，問題および結果が公表されていることからこの問題を採用した．問1は計4点である．問2は，高等学校の共通教科「情報」における「情報の科学」の教科書の中にある例題のプログラムを引用し，それを日本語による表現を用いて自作した．問題作成においては，プログラミング教育を受けたことがない学生にも問題文の意味がわかりやすい表現となるように配慮し問題文は自作した，変数や代入，繰返しに関する文面を修正している．6点分をすべて正解することで，繰返しを理解していることになる．なお，この問題は，プログラミングの考え方の1つである繰返しに関して高等学校の教科書の問題をもとに作成したことから，問題内容は妥当と考えられたが，対象学生に対して適切なレベルであるかどうかについて検討するために予備調査を実施した．

予備調査は，2017年4月と7月に，プログラミングの授業の受講生26名に対し，今回と同様の方法で実施した．その結果，問2の正答率は41.7%と低かったため，問2を解く前の足場かけとなる事前問題（付録

参照）を作成した．事前問題の採点結果は，今回の調査データとしては用いないこととした．

5.3.3 抽象の思考に関する仮説

本研究では，プログラミングのスキルの習得度とプログラミングの考え方の理解度の関係を明らかにするために，以下のような仮説を立てた．

仮説： プログラミングのスキルを習得することで，プログラミングの考え方である，抽象の思考としての順次や条件分岐，繰返しの理解度が受講前と比べて受講後に向上する．

5.3.4 評価方法と分析方法

前章で示したプログラミングクラスと非プログラミングクラスの授業は，関西学院大学の共通教育センターでの開講科目である．評価対象者はこの科目の受講生で，いずれも非情報系学部・学科に所属している1年生から4年生である．また，両クラスは選択科目であり，受講生は希望者が多数のため抽選で決められる．授業期間は，2017年10月から2018年1月までの授業があり，授業回数は14回であった．

表5-3-4に評価対象人数を示す．なお，評価対象人数が少ないのは，

表5-3-4 評価対象のクラスと人数

クラス	履修人数	評価対象人数
プログラミング	30名	22名
非プログラミング	78名	65名

両クラスにおいて事前と事後のテストの両方を受けてない，プログラミングクラスについては最終課題を提出していない受講生がいたためである．

分析1

分析1の目的は，プログラミングのスキルの習得度の確認である．そのために，A点におけるプログラミングクラスでの最終課題であるアニメーションを作成させた作品の評価結果（15点満点）の得点分布を示す．これにより，一般的なプログラミングの授業として，プログラミングのスキルを習得していたのかを示す．

分析2

分析2の目的は，プログラミングの考え方の理解度が向上したことの確認である．そのために，5.2.3節で示した評価問題を使用し，学習内容（プログラミングクラス，非プログラミングクラス）と受講前後（事前，事後）から検証する．プログラミングクラス，非プログラミングクラスに対して，授業期間の同時期にプログラミングの考え方の理解度の評価問題を解かせる．事前テストの実施はプログラミングの授業の第5回目の冒頭，繰返しと条件分岐に入る前の段階で実施する（B点）．事後テストは，教科書を使用した課題が終了した第13回の授業の冒頭で実施する（C点）．この実施にあたっては，事前テストの正解および各自の点数は公表しない．さらに，事後テストの難易度は事前テストの難易度と同じであるが，若干の内容を変更する（付録参照）．これらについて，問1と問2の得点結果について統計分析を行う．

分析3

分析3は，受講後のプログラミングのスキルとプログラミングの考え方の理解度の関係との確認である．そのために，プログラミングのスキルのA点とプログラミングの考え方の理解度のC点との相関分析を行う．

5.3.5 結果

分析1

図5-3-1におけるA点で取得し,プログラミングのスキルを図った最終課題の得点分布を図5-3-2に示す.平均点は9.4点,標準偏差は3.3点であった.図5-3-2により6点の学生が多かったが,作成したプログラムで繰返しと配列は利用しているが,アニメーションで動かす絵が個数に差があるなど,絵の出来栄えによる得点により差があったためである.評価対象者全員のプログラムのソースを確認したところ,全学生のプログラムにおいて繰返しと配列が利用されていたことにより,本授業において身につけさせたかったプログラミングのスキルである,繰返しとプログラムを効率良く作成するための配列について習得していることが確認された.

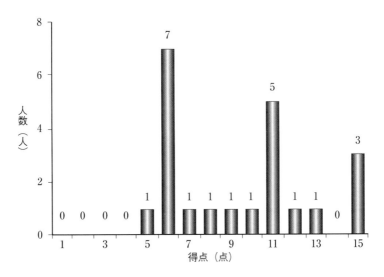

図5-3-2　最終課題の得点分布

分析 2

　プログラミングの考え方の理解度に関する得点結果について，問 1 に関しては表 5-3-5 に，問 2 に関しては表 5-3-6 に示す．以下では，問 1 と問 2 のそれぞれの得点別の分析結果を記述した．まず，各得点の分布に関して Shapiro-Wilk の正規性検定を行ったところ，いずれの得点も正規分布に従っていないことが示された．そこで以降の分析では，ノンパラメトリック手法の 1 つである Mann Whitney の U 検定を用いた．具体的には，問 1 と問 2 の得点に関して，受講前（10 月）と受講後（12 月）の各時点において，プログラミングクラスと非プログラミングクラスの

表 5-3-5　抽象の思考の得点結果（問 1）

	プログラミングクラス		非プログラミングクラス	
	10 月	12 月	10 月	12 月
N（人）	22	22	65	65
Mean（点）	2.6	3.5	2.2	2.3
S.D.（点）	1.4	1.0	1.6	1.6

（問 1 の満点は 4 点）

表 5-3-6　抽象の思考の得点結果（問 2）

	プログラミングクラス		非プログラミングクラス	
	10 月	12 月	10 月	12 月
N（人）	22	22	65	65
Mean（点）	2.5	3.0	2.3	2.6
S.D.（点）	1.0	1.8	0.6	0.8

（問 2 の満点は 6 点）

得点比較を行った．また，プログラミングクラスと非プログラミングクラスそれぞれについて，受講前後の得点比較を行った．なお，検定の多重性を考慮し，有意性の判定にはBonferroni法によって調整した有意水準を適用した（調整後の$\alpha=.05/4=.0125$）．

問1の分析結果

受講前の時点では，プログラミングクラスと非プログラミングクラスの得点に差はみられなかったのに対して，受講後ではプログラミングクラスの得点は非プログラミングクラスと比べて高かった（$p=.002$）．また，非プログラミングクラスでは受講前後の得点に差はみられなかったが，プログラミングクラスでは受講前に比べて受講後の得点が高いことが見いだされた（$p=.004$）．

問2の分析結果

受講前，受講後のいずれの時点においても，プログラミングクラスと非プログラミングクラスの得点に差はみられなかった．また，非プログラミングクラスとプログラミングクラスのいずれにおいても，受講前後の得点に差はみられなかった．

分析3

受講後のプログラミングの考え方の理解度とプログラミングのスキルの習得度との順位相関係数を求めたところ，問1の得点とプログラミングのスキルの習得度との間には$p=.47$（$p<.05$）で中程度の正の相関があった．問2の得点とプログラミングのスキルの習得度との順位相関係数は$p=.23$となり有意な相関はみられなかった．

5.3.6 考察

分析1の結果から，プログラミングクラスの学生は受講後の段階で繰

返しや配列の利用といったプログラミングのスキルを習得していることが確認された．分析 2 からは，プログラミングクラスの受講生は非プログラミングクラスの受講生に比べて，問 1 で評価した順次や条件分岐といったプログラミングの考え方の理解度が向上していることが示された．しかし，繰返し処理の理解度に関しては，プログラミング学習の効果はみられなかった．分析 3 から，プログラミングクラスの受講生におけるプログラミングスキルと順次や条件分岐に関するプログラミングの考え方の理解度に中程度の正の相関があることが認められた．

分析 2 においてプログラミングの考え方に関する理解度の向上が問 1 の得点において認められた．プログラミングクラスの授業内容を振り返ると，プログラミングの考え方の理解度を深める工夫として以下の点が効果的であったと推察される．

・プログラミングクラスの第 7 回目の授業の冒頭において，前週までに学習した繰返しに関する実力確認問題として実施した．すなわち，学習した Java 言語の for 文および While 文を用いて，画面に 1 から 10 を連続して表示させるプログラムを各自に書かせた．ただし，ここではプログラムが正確に動作をしなくても良く，プログラムとしての正解も示さなかった．

・その翌週にプログラムの正解を紙で配布し，すべての行について各自で注釈文を書かせ，各行がプログラムとしてどのような意味をもつかを理解させた．

ここでプログラムへの注釈文を書かせたことで，変数と各行の意味，そして，プログラムが正確に実行されるには，どのような順番であるべきかの理解が深まったと考えられる．

これらのプログラミングの考え方の理解度を深める工夫は，問 1 における順次や条件分岐の処理というよりも，むしろ問 2 における繰返しと

繰返し内での代入文の理解を深めることを意図した処置であったが，予想に反してプログラミングクラスにおける受講後のプログラミングの考え方の理解度は向上がみられなかった．この理由を探るために，問 2 の履修生の誤答内容を確認してみると，

・繰返しの判定をする命令文（A）の位置の間違い
・箱の中身を表示される命令文（F）の位置の間違い

の 2 つのつまずきにより，全体の解答の順番が大きく違っている様子がみてとれた．このことにより，問 2 のような抽象度の高い日本語による表記であると，繰返しとそれにともなう表示の命令文の位置について正確な理解ができていないことがわかった．

　分析 3 からは，最終課題の得点と事後テストの得点には中程度の相関があり，最終課題のアニメーションの出来栄えが良い学生は，問 1 の得点も高いことがわかった．授業担当者の実感として，履修生への毎回の課題では必ず順次処理を利用していることと，アニメーションの出来栄えの良い学生が提出したプログラムのソースコードを確認してみると，繰返しの利用時に条件分岐を繰返し内で利用してアニメーションの動きに変化を与えるなど，条件分岐の理解が深い学生が多かったので，問 1 の得点が向上したのだと考えられる．

　本研究で用いたプログラミングの考え方の理解度を図る問題は，授業内で使用した Java 言語の文法には依存しない問題形式となっていた．今回の授業内容によるプログラミングのスキルの習得度では，順次や条件分岐といった処理の理解度が向上することが示された．しかしながら，繰返しに関しては，プログラム言語に依存しない形での理解度の向上を裏付ける知見を得ることはできなかった．繰返しは日常の生活でも利用される概念であるが，それをプログラミングで記述した場合に，繰返しの条件設定である命令文の位置はどこが的確か，そして繰返しの中のどの部分に命令文を置くと自分の意図した結果を表示できるかなど

が，条件分岐と比べて直感的に判断しにくいのではないかと考えられる．よって，繰返しに関するプログラミングの考え方の理解度を高めるには，繰返しの条件設定の理解だけでなく，繰返し内での表示などの命令文が，どの位置であれば適切であるかをプログラムの作成を通して育成することが必要であると考えられる．

以上をまとめると，プログラミングのスキルを習得することで，限定的ではあるものの，学習したプログラミング言語には依存しない形でプログラミングの考え方の理解度が向上する可能性が示唆されたといえる．

5.3.7　まとめと今後の課題

今後の課題としては，プログラミングクラスにおいて，今回の授業とは異なる学習内容や異なるプログラミング言語を使用した授業においても同様の結果が得られるかという点や，プログラミングのスキルとプログラミングの理解度の関係を，本研究とは異なる観測点，たとえばプログラミングのスキルに関して受講前の観測を行うことで，より正確なプログラミングのスキルの習得度を図ることと，受講前のプログラミングのスキルと受講前後のプログラミングの考え方の理解度にはどのような関係があるのかを検討したい．

成果と今後の課題

6.1 本研究の成果

プログラミングで獲得される思考について，①論理の思考，②手順の思考，③抽象の思考，に区別し大学における一般情報教育においてプログラミングの授業を行い，各思考の評価問題を用意し，非プログラミングクラスとの授業内容，評価前後での結果の分析を実施した．本書で得られた成果は，次の5つに整理される．

【成果1】 プログラミングで獲得される思考として，論理に関する評価問題で調査した結果，プログラミングクラスにおいて，授業前後での得点の向上がみられたものの，授業内容での分析として，非プログラミングクラスとの有意な結果を得ることはできなかった．

【成果2】 プログラミングで獲得される思考として，手順に関する評価問題で調査した結果，プログラミングクラスにおいて，授

業前後での得点の向上がみられたものの，授業内容での分析として，非プログラミングクラスとの有意な結果を得ることはできなかった．

【成果3】 プログラミングで獲得される思考として，抽象に関する評価問題として，構造化プログラミングの構成要素である繰返しのみの場合，授業内容，評価前後での有意な結果を得ることはできなかった．

【成果4】 プログラミングで獲得される思考として，抽象に関する評価問題として，構造化プログラミングの構成要素である順次，条件分岐については，授業内容，評価前後での有意差のある結果を得た．また，繰返しについては評価前後で有意差のある結果を示した．

【成果5】 成果4における構造化プログラミングの構成要素による抽象の思考と，プログラミングのスキルとの関係を分析したところ，順次，条件分岐については，有意差のある中程度の正の相関があり，繰返しについては有意差はなかったが，中程度の正の相関があった．これによりプログラミングで獲得される抽象の思考とプログラミングのスキルとの関係を示した．

これらの成果を表6-1にまとめる．

大学の一般情報教育で行われてきたプログラミングの教育では，これまでは本書で定義したように，プログラミングのスキルとして，プログラムを正確に書くことを評価するために，授業で使用したプログラミング言語による課題提出，最終試験などの成績などを用いてきた．また，プログラミングで獲得される思考に関しては，プログラミング言語を教

表 6-1　本書で得られた成果

	獲得される思考	分析の結果
第 3 章	論理の思考（狭義）	受講前後で有意な結果．学習内容で有意差なし．
第 4 章	手順の思考	受講前後，学習内容で有意差なし．
第 5 章	抽象の思考（構造化プログラミングの基本構成の繰返し）	受講前後，学習内容で有意差なし．
	抽象の思考（構造化プログラミングの構成要素の順次，条件分岐，繰返しの理解）	問1と問2において受講前後，学習内容で有意差なし．
	プログラミングのスキルと抽象の思考（構造化プログラミングの基本構成の順次，条件分岐，繰返しの理解）との関係	問1において受講前後，学習内容で有意な結果．問2において受講前後で有意な結果．問1と問2によるプログラミングのスキルと抽象の思考は中程度の正の相関．

える時に，たとえば構造化プログラミングの構成要素である，順次，条件分岐，繰返しを利用しているので，プログラムを正確に書くことができるということは，これらの考え方についても理解ができているとしている．

しかし，2020年度から小学校のプログラミング教育が必修になるなど，プログラムを正確に書くと同時に，それによって獲得される思考をどのように評価されるかが問われている．さらに，従来からの一般情報教育で行われてきたようなテキストベースのプログラミング言語を使用した授業から，ビジュアルプログラミング言語の利用，あるいは，プログラミング言語を使用しないコンピュータサイエンスに基づいたアンプラグコンピューティングなど，プログラミングのスキルを習得する方法が多岐にわたってきている．

本書では，表6-1に示すようにプログラミングで獲得される思考とし

て，論理，手順，抽象について，学習したプログラミング言語に依拠しない形式で，プログラミングの授業前後において，評価問題を用いて調査し分析してきた．その結果，論理，手順の思考については，今回のプログラミングの授業だけではこれらの思考は獲得されないことがわかった．抽象の思考に関しては，3つの方法によって調査を実施し，構造化プログラミングの構成要素である繰返しだけでは有意な結果を得ることはできなかったが，順次と条件分岐を評価にはプログラミングの授業における工夫として，プログラミングの命令文の理解を高めることにより，獲得させる思考を向上させる可能性があることと，プログラミングのスキルを習得と抽象の思考の獲得に関係性があることが示せており，今回のようなテキストベースによるプログラミングの学習以外にさまざまな方法でプログラミングを習得した場合，そこで獲得された思考も同様に確認できる可能性があると考えられる．

　ここで，プログラミングの授業の工夫をすれば，論理，手順の思考についても抽象の思考のように獲得されるのではと考えられる．抽象の思考については第5章で示したように，この思考の獲得の調査について3つの方法を用いているが，当初の繰返しだけと，そして，順次，条件分岐，繰返しでの評価問題による事前調査では有意な結果は得ることができなかった．その後，3つ目の方法で授業のプログラムにおける命令文の理解を授業内で課題を出すことなど工夫をしたことで，有意な結果を得ることができた．このように考えると，論理，手順の思考についても同様に，プログラミングの理解を向上させると同様な結果が得られる可能性があるのかもしれない．ただし，本書からわかったこととして，有意な結果が得られた場合の獲得される思考を評価する問題では，プログラミングの授業で教えたものに関連している内容について，日本語で表記するなどの抽象度の高いものにした場合であり，本書での論理，手順の思考での評価問題は，プログラミングの授業で教えた内容に関連したもので，授業で教えたプログラムの学生の理解を高める工夫をするだけでなく，評価問題に関しての理解についても高める必要があると考えら

れる．つまり，論理，手順の思考の獲得される結果を得るには，公務員試験やナンプレの解法に関して，プログラミングの授業の中で関連する題材を用いて理解を深めておく必要があると思われる．よって，第4章での手順の思考のナンプレの解法については，引用した高等学校の教科書では，ナンプレの解法をプログラムによって実現する内容となっており，プログラミングの授業でこの教科書どおりに授業を行い，プログラムでナンプレを解法できるようになれば，手順の思考が獲得されると思われる．また，抽象の思考での調査は3つの方法を用いており，論理，手順の思考の獲得において，同様の結果を得るためにはいくつかの方法を行っていく必要があると考えられる．

6.2　プログラミングで獲得される3つの思考の関係

第2章の図2-1において，本書での論理，手順，抽象の3つの思考の概念図を示した．概念図では，この3つの思考は独立したものではなく，関連したものとしている．この関係について本書の成果から考察する．

本書での成果が表6-1に示してあるが，論理の思考の評価問題は，公務員試験における判断推理を問うものであった．この問題では正解を導くために判断や推理をするために手順を踏まなくてはならない．よって，本書で定義した一般的な概念としての手順の思考が含まれている．また，論理の思考の評価問題で抽象の思考の評価の必要があったかというと，本書での抽象の思考は，1.問題を抽象化，2.筋道を立てる，3.問題を解決する，という順番で行うこととしているが，この点では，2.筋道を立てる，3.問題を解決する点に関連している．つまり，抽象の思考に関してすべてではないが一部は関係している．

手順の思考の評価問題は，ナンプレの解法を手順どおりに行うものであった．正解を導くためには，狭い意味での論理＝演繹，本書では演繹

を前提から論理の規則に従って必然的に結論を導き出すこととしており，ナンプレの解法を手順どおりに行う場合は，規則性を見つけ出す作業が入っており，このことが含まれていると考えられる．同様に，抽象の思考に関して，解法の手順を見つけ出す作業では，2.筋道を立てる，3.問題を解決する，ということが含まれている．

　抽象の思考の問題では，問1では順次，条件分岐，問2では繰返しということとしているが，この問題に正解するためには，狭い意味での論理＝演繹という考えが問われている．問2の繰返しの問題では，プログラミングにおける繰返し文を用いる規則に従わないと正解できない．同様に手順については，両方の問題において，プログラムが動くためには命令文をどのように配置すべきか，プログラムが動くための手順がわかっていなければならない．よって，このことも含まれている．

　以上のことから，本書の調査で使用した評価問題は，論理，手順，抽象の3つの思考を完全に独立したものとして評価したものではないが，調査対象とした思考について，より比重の大きい問題であったといえる．

6.3　今後の課題

　本書において，第3章の論理の思考，第4章の手順の思考についてはプログラミングクラスと非プログラミングクラスにおいて，学習内容，評価前後において有意な結果を得ることができなかった．しかし，第5章で考察したように，抽象の思考では3つの方法を行うことで，最終的に有意な結果を得ている．よって，論理の思考，手順の思考については，プログラミングクラスにおいて，評価問題に関する題材を用意し，それらを学生がプログラムすることで理解を増すことがでれば有意な結果が得られる可能性がある．論理の思考については，先行研究でも論理の思考に関しての調査で，正答率が問題の難易度によって大きく変わってしまうため，事前事後のテストで難易度を揃える必要があるなど難し

い面もあるとされており，この点は，本書でも同じ結果となっている．また，思考の獲得のために第3章での評価問題を解法するプログラムを学生に作成させるとなると，公務員試験での判断推理に関する内容ではプログラミング初学者向けの題材としては難易度が高いと思われる．しかし，第4章で示した手順の思考のナンプレの解法は，第5章ではオリジナルのアニメーションの作成を題材としていたが，大学の一般情報教育レベルのプログラミングの授業で15回の授業でナンプレの解法のプログラムを作成することは，オリジナルのアニメーションを作成することができた状況からすると，高等学校の教科書に手順が示されているので，それをプログラムとして動かすまでの授業の展開は可能であると考える．

よって，今回，抽象の思考の獲得では限定的であるものの確認ができたので，獲得させたい思考に合わせて，プログラミングの授業内容を変えることと，評価問題に関する内容に関して理解が深まるように授業内で工夫することができれば，思考の獲得が確認できる可能性はあると考えられる．

次に抽象の思考に関しては，本書では構造化プログラミングの構成要素に関する評価問題を用いることで有意な結果が得られる，あるいはプログラミングのスキルとの相関関係にあることが示された．そこで，今後の課題として，今回の授業とは異なる学習内容や異なるプログラミング言語を使用した授業においても，同様の結果が得られるかを検討することが挙げられる．また，第5章3節の調査では受講前のプログラミングのスキルを測定されていないため，受講前後におけるプログラミングのスキルの向上の程度と抽象の思考の変化の関連については検討できていなかった．今後は，より多くの時点でプログラミングのスキルとプログラミングによる抽象の思考を測定し，両者の関連性が授業を通してどのような変遷をたどるかを詳細に追跡していくことで，プログラミングのスキルの習得とプログラミングで獲得される思考との関係を明確にしていきたい．

出　典

第 1 章

高橋尚子「国内 750 大学の調査から見えてきた情報学教育の現状 (3)」一般情報教育編『情報処理』情報処理学会，2017，Vol.58，No.6，pp.526-530.

西田知博・原田章・中西通雄・松浦敏雄「プログラミング入門教育における図形描画先行型のコースウェアが学習に与える影響」情報処理学会論文誌『教育とコンピュータ』2017，Vol.3，No.1，pp.26-35.

総務省ホームページ「『プログラミング人材育成の在り方に関する調査研究』報告書の公表」2015.
http://www.soumu.go.jp/main_content/000361430.pdf（参照 2017-08-31）

文部科学省ホームページ「小学校段階におけるプログラミング教育の在り方について（議論の取りまとめ）」2016.
http://www.mext.go.jp/b_menu/shingi/chousa/shotou/122/attach/1372525.htm（参照 2017-08-31）

野矢茂樹『新版論理トレーニング』産業図書，2006.

文部科学省ホームページ「情報活用能力調査（高等学校）報告書」
http://www.mext.go.jp/a_menu/shotou/zyouhou/detail/__icsFiles/afieldfile/2017/01/18/1381046_02_1.pdf（参照 2017-09-03）

第 2 章

情報処理学会情報処理教育委員会「日本の情報教育・情報処理教育に関する提言 2005（2006.11 改訂/追補版）」．http://www.ipsj.or.jp/12kyoiku/teigen/v81teigen-rev1a.html（2017 年 10 月 8 日確認）

情報処理学会一般情報教育委員会「これからの大学の情報教育」『日経 BP マーケティング』2016.

西田知博・原田章・中西通雄・松浦敏雄「プログラミング入門教育における図形描画先行型のコースウェアが学習に与える影響」情報処理学会論文誌『教育とコンピュータ』2017，Vol.3，No.1，pp.26-35.

河村一樹「一般情報教育におけるプログラミング教育のあり方について」『研究

報告　コンピュータと教育研究会報告』情報処理学会，2011，Vol.2011-CE-108，No.16，pp.1-8．

足利裕人「ドリトルによるプログラミングを用いた論理の思考 能力の育成」『第14回上月情報教育研究助成論文集』2008，pp.217-238．

JEANNETTE M. WING Computational thinking and thinking about computing, Phil. Trans. R. Soc. A 366, 2008, pp.3717-3725.

磯辺秀司・小泉英介・静谷啓樹・早川美徳『コンピュテーショナル・シンキング』共立出版，2016，p.204．

大場みち子・伊藤恵・下郡啓夫・薦田憲久「論理的文章作成力とプログラミング力との関係分析」情報処理学会論文誌『教育とコンピュータ』2018，vol.4，No1，p.8-15．

宮田仁・大隅紀和・林徳治「プログラミングの教育方法と問題解決能力育成との関連」『教育情報研究』1997，vol.12，No.4，p.3-13．046_02_1.pdf．（参照 2017-09-03）

第3章

足利裕人「ドリトルによるプログラミングを用いた論理の思考 能力の育成」『第14回上月情報教育研究助成論文集』2008，pp.217-238．

相澤裕介『(新) JavaScript ワークブック—ステップ30』カットシステム，2011．

第4章

高等学校教科書『情報の科学』実教出版，2013，pp.26-27．

実教出版編修部編『情報の科学 学習ノート』実教出版，2013，pp.20-21．

相澤裕介『(新) JavaScript ワークブック』カットシステム，2011．

第5章

湘南藤沢キャンパス「一般入試「情報」参考試験（2014年7月30日実施）の問題等の公開および実施結果について」
http://www.sfc.keio.ac.jp/joho_sanko_2014_kekka.html

照井博志『学生のための基礎Java』東京電機大学出版局，2011．

「キミのミライ発見」2016．http://www.wakuwaku-catch.net/ 慶應義塾大学参考試験高校編1/（2016）

長慎也『初級Java ——やさしいJava』実教出版，2014，p.263．

文部科学省ホームページ「情報活用能力調査（高等学校）報告書」

http://www.mext.go.jp/a_menu/shotou/zyouhou/detail/__icsFiles/afieldfile/2017/01/18/1381046_02_1.pdf（参照 2017-09-03）

山本博樹『主人公の目標構造の教示が幼児による絵画配列に及ぼす効果——継時的理解に及ぼす教示の効果の明確化」『読書科学』1992．No.36，p.41-51．

本書に関する業績

〈学術誌　査読なし〉
1. 吉田典弘「手順的な自動処理における論理的思考に関する一考察」『相模女子大学紀要　C, 社会系』2012, Vol. 76, pp. 1-6.
   博士論文との対応：【第3章】

〈シンポジウム　査読有〉
1. 吉田典弘・和田裕一・邑本俊亮・堀田龍也・篠澤和久「一般情報教育におけるプログラミングのスキルの習得度とプログラミングの考え方の関係の検討」『情報教育シンポジウム論文集』情報処理学会, 2018, Vol. 2018, No. 18, pp. 126-133.
   本書での引用：【第5章】

〈研究会報告（査読なし）〉
1. 吉田典弘・堀田龍也・篠澤和久「プログラミング教育における手順的思考力に関する評価方法の分析」『研究報告　コンピュータと教育 (CE)』情報処理学会, 2017, Vol. 2017-CE-141, No. 4, pp. 1-8.
   本書での引用：【第5章】
2. 吉田典弘・篠澤和久「一般情報教育におけるプログラミング教育で育成される能力の分析」『コンピュータと教育研究会報告』情報処理学会, 2017, Vol. 2017-CE-139, No. 11, pp. 1-8.
   本書での引用：【第5章】
3. 吉田典弘・篠澤和久「プログラミング教育で育成される能力の評価結果の検討」『研究報告　コンピュータと教育研究会』情報処理学会, 2016, Vol. 2016-CE-136, No. 9, pp. 1-6.
   本書での引用：【第5章】
4. 吉田典弘・篠澤和久「手順的な自動処理による論理的思考力育成の評価結果の検討」『研究報告　コンピュータと教育 (CE)』情報処理学会, 2014, Vol. 2014-CE-123, No. 4, pp. 1-6.

　　　　　本書での引用：【第 3 章】
5.　吉田典弘・篠澤和久「手順的な自動処理による論理的思考力育成の評価結果の検討その 2」『研究報告 コンピュータと教育（CE）』情報処理学会, 2014, Vol. 2014-CE-126, No.6, pp.1-8.
　　　　　本書での引用：【第 4 章】

付録

第3章

付録3-1　論理的思考評価問題　5月実施　一部抜粋

問1　次のア～ウから正しくいえるものは次のうちどれか．（裁判所事務官Ⅲ 2004）

　ア　魚が好きな人は，釣りが好きである．
　イ　刺身が好きでない人は，魚が好きでない．
　ウ　海が好きな人は，魚が好きである．

　1　釣りが好きな人は，海が好きである．
　2　海が好きでない人は，釣りが好きでない．
　3　釣りが好きでない人は，刺身が好きでない．
　4　刺身が好きでない人は，海が好きでない．
　5　刺身が好きな人は，釣りが好きである．

問2　あるクラスの生徒について，「運動部に入っている生徒はファミコンをもっている．」と「文化部に入っている生徒は携帯電話をもっている．」の2つが確実にいえるとき，「文化部に入っている生徒はファミコンをもっていない．」ということが確実にいえるためには，次のうちどれが確実にいえれば良いか．（海上保安大学校など1999）

　1　ファミコンをもっていない生徒は文化部に入っている．
　2　携帯電話をもっていない生徒は運動部に入っている．
　3　携帯電話をもっている生徒は運動部に入っていない．
　4　運動部と文化部の両方に入っている生徒はいない．
　5　ファミコンと携帯電話の両方をもっている生徒はいない．

問6 あるクラスの生徒に対して、日本史、世界史、古文、生物の各科目について好きかどうかを調べたところ以下のとおりであった。これらのことから確実にいえることはどれか。（入国警備官など2005）

ア 世界史が好きな者は、全員、生物が好きである。
イ 古文が好きな者の中には、世界史が好きな者がいる。
ウ 日本史が好きな者は、全員、古文が好きである。

1 日本史が好きな者は、全員、生物が好きである。
2 世界史が好きな者は、全員、日本史が好きである。
3 古文及び世界史が好きな者は、全員、生物が好きである。
4 生物及び古文が好きな者は、全員、日本史が好きである。
5 古文が好きでない者は、全員、生物が好きではない。

論理的思考評価問題　7月実施　一部抜粋

問1 A〜Dの推論のうち、論理的に正しいもののみを挙げているのはどれか。【国家一般職・平成24年度】

A：ラーメンが好きな人は、牛丼が好きである。
ラーメンが好きな人は、ギョウザが好きである。
したがって、牛丼が好きな人は、全員ラーメンが好きである。
B：イヌが好きでない人は、ネコが好きでない。
ハムスターが好きでない人は、ネコが好きである。
したがって、イヌが好きでない人は、全員ハムスターが好きである。
C：野球とサッカーが両方好きな人は、テニスが好きである。
テニスが好きな人は、卓球が好きである。
したがって、野球またはサッカーが好きな人は、全員卓球が好きである。

D：数学が得意な人は，国語も英語も不得意である．
したがって，国語または英語が得意な人は，全員数学が不得意である．

1　A, C
2　A, D
3　B, C
4　B, D
5　C, D

問2　次のアとイの命題から論理的にウが導かれているとき，アに当てはまる命題とし，最も妥当なものはどれか．【東京消防庁・平成22年度】

ア「　　　　　　　　　　　　　　　　」
イ「Aは外国語を話せない．」
ウ「よって，Aは海外旅行が好きではない．」

1　外国語を話せる人は，海外旅行が好きである．
2　外国語を話せない人は，海外旅行が好きではない．
3　外国語を話せない人は，海外旅行が好きである．
4　海外旅行が好きでない人は，外国語を話せる．
5　海外旅行が好きでない人は，外国語を話せない．

問5　A，B，Cの3人は，それぞれP町かQ町に住んでおり，次のように話した．
A：「私とBは，同じ町に住んでいる．」
B：「私もCも，P町に住んでいる．」
C：「AもBも，私と違う町に住んでいる．」

ところが，このうち 1 人が，自分以外の 2 人の名前を取り違えて話していることがわかった．このとき，A，B，C のそれぞれが住んでいる町の組み合わせとして最も妥当なものはどれか．【国家Ⅲ種・平成 21 年度】

	A	B	C
1	P 町	P 町	Q 町
2	P 町	P 町	Q 町
3	P 町	P 町	Q 町
4	P 町	P 町	Q 町
5	P 町	P 町	Q 町

付録3-2 論理的思考の評価結果の表

JavaScriptの授業を受講したクラス

学生番号	5月点数	7月点数	点数差	点数上昇は○
1	3	2	-1	
2	1	5	4	○
3	1	3	2	○
4	2	2	0	
5	2	1	-1	
6	3	1	-2	
7	4	7	3	○
8	4	4	0	
9	4	7	3	○
10	1	0	-1	
11	4	4	0	
12	4	5	1	○
13	6	1	-5	
14	2	2	0	
15	5	3	-2	
16	1	3	2	○
17	2	5	3	○
18	1	1	0	
19	4	8	4	○
20	3	1	-2	
21	3	4	1	○
22	5	4	-1	

JavaScriptの授業を受講していないクラス

学生番号	5月点数	7月点数	点数差	点数上昇は○
1	5	3	-2	
2	2	3	1	○
3	3	1	-2	
4	1	6	5	○
5	3	6	3	○
6	2	6	4	○
7	2	0	-2	
8	2	1	-1	
9	2	2	0	
10	0	3	3	○
11	2	2	0	
12	4	3	-1	
13	4	2	-2	
14	3	4	1	○
15	3	5	2	○
16	3	3	0	
17	2	1	-1	
18	0	1	1	○
19	2	4	2	○
20	4	5	1	○
21	5	6	1	○
22	1	6	5	○

付録

JavaScriptの授業を受講したクラス					JavaScriptの授業を受講していないクラス				
学生番号	5月点数	7月点数	点数差	点数上昇は○	学生番号	5月点数	7月点数	点数差	点数上昇は○
23	2	2	0		23	3	2	-1	
24	3	4	1	○	24	3	4	1	○
25	5	3	-2		25	1	1	0	
26	6	7	1	○	26	3	5	2	○
27	0	4	4	○	27	4	5	1	○
28	4	6	2	○	28	2	2	0	
29	2	2	0		29	1	7	6	○
30	2	5	3	○	30	4	5	1	○
31	4	1	-3		31	1	3	2	○
32	5	5	0		32	2	2	0	
33	0	2	2	○	33	0	3	3	○
34	2	6	4	○	34	5	4	-1	
35	6	6	0		35	3	2	-1	
36	2	1	-1		36	2	3	1	○
37	4	8	4	○	37	1	2	1	○
					38	1	3	2	○
					39	5	5	0	
平均	3.03	3.65	0.62	17名	平均	2.46	3.36	0.90	22名

第4章

付録4-1　授業で使用したJavaScriptのプログラム
◎繰返し処理の例題
九九の表を作成する．

```html
<!DOCTYPE HTML PUBLIC "-//W3C//DTD HTML 4.01 Transitional//EN""http://www.w3.org/TR/html4/loose.dtd">

<HTML>

<HEAD>
<TITLE> 繰返し処理 </TITLE>
<META http-equiv="Content-Type" content="text/html; charset=Shift_JIS">
<STYLE type="text/css">
<!--
TH  {background-color:#CCCCCC;}
TD, TH {
    width:50px;
    text-align:center;
}
-->
</STYLE>
</HEAD>

<BODY>
<H3> 九九の表 </H3>
<TABLE border="2">
```

```
<TR>
  <TH></TH><TH>1</TH><TH>2</TH><TH>3</TH><TH>4</TH>
  <TH>5</TH><TH>6</TH><TH>7</TH><TH>8</TH><TH>9</TH>
</TR>
<SCRIPT type="text/javascript">
<!--
for (i=1 ; i<=9 ; i++){
  document.write("<TR><TH>" + i + "</TH>");
  for (j=1 ; j<=9 ; j++){
    document.write("<TD>" + i*j + "</TD>");
}
document.write("</TR>");
}
//-->
</SCRIPT>
</TABLE>
</BODY>
</HTML>
```

◎選択処理の例題

日本で最も面積が大きい県は何県か？

※ボタンのクリックが2回までの間はヒントが表示される．

※ボタンを3回以上クリックすると，答えが表示される．

```
<!DOCTYPE HTML PUBLIC "-//W3C//DTD HTML 4.01 Transitional//EN" "http://www.w3.org/TR/html4/loose.dtd">
```

```
<HTML>
<HEAD>
<TITLE>条件分岐</TITLE>
<META http-equiv="Content-Type" content="text/html; charset=Shift_JIS">
<SCRIPT type="text/javascript">
<!--
var i = 1;
function kotae () {
  switch (i) {
    case 1:
      alert ("【ヒント】北海道は県ではありません");
      break;
    case 2:
      alert ("【ヒント】東北地方にある県です");
      break;
    default:
      alert ("答えは岩手県です");
  }
  i++;
}
//-->
</SCRIPT>
</HEAD>

<BODY>
<H3>（問題）</H3>
日本で最も面積が大きい"県"は何県でしょう？<BR>
<BR>
```

<BUTTON onclick="kotae（）"> 答えを見る </BUTTON>

※ボタンのクリックが2回までの間はヒントが表示されます．
※ボタンを3回以上クリックすると，答えが表示されます．
</BODY>
</HTML>

付録 4-2　手順の思考の評価問題　6月実施

手順に関する問題　　　　組＿＿番＿＿年＿氏名＿＿＿＿＿

ルール

人間がパズルを解くための手順を，4×4のマス目（表）に数値を入れるナンバープレイスというパズルの例で考えてみよう。

手順

1　パズルのルール

ここでは，次の3つのルールに従って数字を入れていくパズルを考える。

- ①すべての行に1～4の数字が重複なく入る
- ②すべての列に1～4の数字が重複なく入る
- ③すべてのブロック（太線で囲まれた2×2の領域）に1～4の数字が重複なく入る

問題　パズルのルールと手順に従って，パズルを解く手順の続きを考えてみよう。

1 1つの手順で数字が決まる場合を考えてみよう。

右の表には行，列，ブロックのいずれか1つだけを確認することで，数字が定まる箇所が2つある。そのセルに適当な数字を入れなさい。

	A	B	C	D
1				1
2		1	3	4
3		2		3
4	1			2

2 複数の手順で数字が決まる場合を考えてみよう。

1での数値が確定しても，☆印は1つの手順だけでは，数字が決まらない。**1**の確定後，☆のある行，列，ブロックについて1～4の数字がある場合には〇，ない場合は×を表にかき入れ，☆印の数字を確定しなさい。

数字	1	2	3	4
行				
列				
ブロック				

☆印の数字（　　　）

	A	B	C	D
1				1
2		1	3	4
3		2		3
4	1		☆	2

3 手順を繰り返して表を埋めてみよう。

1，**2**で，3つのセルの数字が確定すれば，**1**と同じように，行，列，ブロックのいずれか1つだけを確認することで，数字が定まる箇所が2つある。そのセルに適当な数字を入れなさい。

	A	B	C	D
1				1
2		1	3	4
3		2		3
4	1			2

4 表を自分の力で埋めてみよう。

このように数字を埋めていった時，一番最後に数字が決まったのはどのセルか，場所をかきなさい。

付録4-3　手順の思考の評価問題　7月実施

手順に関する問題　　　　　　　　　学部　　年　氏名

ルール

人間がパズルを解くための手順を、4×4のマス目(表)に数値を入れるナンバープレイスというパズルの例で考えてみよう。

手順

パズルのルール

ここでは、次の3つのルールに従って数字を入れていくパズルを考える。

- ①すべての行に1～4の数字が重複なく入る
- ②すべての列に1～4の数字が重複なく入る
- ③すべてのブロック(太線で囲まれた2×2の領域)に1～4の数字が重複なく入る

問題　パズルのルールと手順に従って、パズルを解く手順の続きを考えてみよう。

1 1つの手順で数字が決まる場合を考えてみよう。

右の表には行、列、ブロックのいずれか1つだけを確認することで、数字が定まる箇所が2つある。そのセルに適当な数字を入れなさい。

まず、これにより、さらに 2,2 のセルの数字が定まる。そのセルに適切な数字を

2 複数の手順で数字が決まる場合を考えてみよう。

1での数値が確定しても、☆印は1つの手順だけでは、数字が決まらない。**1**の確定後、☆のある行、列、ブロックについて1～4の数字がある場合には○、ない場合は×を表にかき入れ、☆印の数字を確定しなさい。

数字	1	2	3	4
行				
列				
ブロック				

☆印の数字 (　　)

3 手順を繰り返して表を埋めてみよう。

1、**2**で、3つのセルの数字が確定すれば、**1**と同じように、行、列、ブロックのいずれか1つだけを確認することで、数字が定まる箇所が2つある。そのセルに適当な数字を入れなさい。

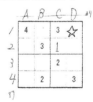

4 表を自分の力で埋めてみよう。

このように数字を埋めていった時、一番最後に数字が決まったのはどの(セル)か。場所をかきなさい。

2つあるが、どちらでも良い (2つ書いても良い)

付録 4-4　手順の思考の評価結果の表

JavaScriptの授業を受けたクラス

番号	6月点数	7月点数	点数差	点数上昇	優秀
A1	6	7	1	○	
A2	6	6	0		
A3	6	6	0		
A4	8	10	2	○	◎
A5	7	9	2	○	◎
A6	6	8	2	○	◎
A7	6	6	0		
A8	6	6	0		
A9	6	6	0		
A10	6	6	0		
A11	6	6	0		
A12	9	8	-1	×	
A13	7	0	-7	×	
A14	7	8	1	○	
A15	7	6	-1	×	
A16	6	7	1	○	
A17	6	6	0		
A18	8	7	-1	×	
A19	6	6	0		
A20	7	7	0		
A21	0	6	6	○	◎
A22	7	8	1	○	
A23	8	6	-2	×	
A24	7	6	-1	×	

JavaScriptの授業を受けていないクラス

番号	6月点数	7月点数	点数差	点数上昇	優秀
B1	8	8	0		
B2	6	6	0		
B3	6	6	0		
B4	6	6	0		
B5	0	6	6	○	◎
B6	7	6	-1	×	
B7	6	7	1	○	
B8	6	6	0		
B9	7	7	0		
B10	9	10	1	○	
B11	8	1	-7	×	
B12	9	10	1	○	
B13	6	6	0		
B14	8	6	-2	×	
B15	6	6	0		
B16	7	7	0		
B17	6	6	0		
B18	6	6	0		
B19	6	6	0		
B20	0	7	7	○	◎
B21	6	7	1	○	
B22	6	6	0		
B23	6	6	0		
B24	6	6	0		

A25	7	9	2	○	◎
A26	6	6	0		
A27	6	6	0		
A28	7	7	0		
A29	6	6	0		
A30	6	6	0		
A31	7	6	−1	×	
A32	0	7	7	○	◎
平均	6.219	6.563	0.3438		

10点満点
※6点というのは，第1問の段階で，パズルを答えられた場合
それ以外はすべて1点

B25	7	6	−1	×	
B26	6	6	0		
B27	6	6	0		
B28	7	6	−1	×	
B29	6	6	0		
B30	7	6	−1	×	
B31	6	6	0		
B32	9	8	−1	×	
B33	6	6	0		
B34	8	6	−2	×	
B35	9	7	−2	×	
B36	0	7	7	○	◎
B37	0	6	6	○	◎
B38	6	6	0		
B39	1	7	6	○	◎
B40	8	6	−2	×	
B41	0	0	0		
B42	8	9	1	○	
B43	6	7	1	○	
B44	8	7	−1	×	
B45	6	6	0		
B46	6	6	0		
B47	6	6	0		
B48	6	6	0		
B49	7	7	0		
B50	7	6	−1	×	
B51	0	6	6	○	◎
平均	5.863	6.294	0.4314		

第 5 章

付録 5-1　慶應義塾大学湘南藤沢キャンパスでの一般入試「情報」参考問題（2014 年度）

第 6 問　計算の手順を，文を並べて書き表すことを考える．ただし，「〜の場合は次の処理を行う」「〜について次の処理を繰返す」という文に対しては，次の処理の範囲を明確にするために「処理の始め」と「処理の終わり」という文を必ず使うものとする．「処理の始め」と「処理の終わり」は入れ子になってもよい．

（ア）次の手順は 1 から 100 までの合計を計算するものである．空欄に当てはまるもっとも適切な語句を下の選択肢から選びなさい．

A.　合計 s を 17 と置く
B.　足す数 n が 1 から 18 までのそれぞれについて次の処理を繰返す
C.　処理の始め
D.　19 に 20 を加える
E.　処理の終わり

※ 17〜20 の選択肢
(1) 0
(2) 1
(3) 100
(4) n
(5) s

付録 5-2　抽象の思考の評価問題

問題 1　（事前テスト）

次の手順は 1 から 10 までの合計を計算するものである．以下の①から④に当てはまるもっとも適切な語句を下の選択肢（1）〜（5）から選びなさい．

（手順）
A. 合計を入れる変数 sum を①と置く
B. 足す数の変数を n として，この数字が 1 から②まで，次の処理を繰返す
C. 処理の始め
D. ③に④を加える
E. 処理の終わり

※①〜④の選択肢
(1) 0
(2) 1
(3) 10
(4) n
(5) sum

※各 2.5 点，計 10 点満点

問題 2　（事後テスト）

次の手順は 2，4，6，8…100 までの合計を計算するものである．以下の①から⑤に当てはまるもっとも適切な語句を下の選択肢（1）〜（6）から選びなさい．

（手順）

A. 合計を入れる変数 sum を①と置く
B. 足す数の変数を n として，この数字が②から③まで，次の処理を繰返す
C. 処理の始め
D. ④に⑤を加える
E. 処理の終わり

※①〜⑤の選択肢

(1) 0
(2) 1
(3) 2
(4) 100
(5) n
(6) sum

※各 2 点，計 10 点満点

第6章

問1 部屋の掃除をするために，掃除機のスイッチをオンにしました．掃除機の中には，ごみの状況を把握（はあく）して，出力を調整するセンサーとコンピュータがあります．掃除機はどのような作業をしているのでしょうか？ 作業の流れに合うように右のカードを左の①〜④に入れましょう．

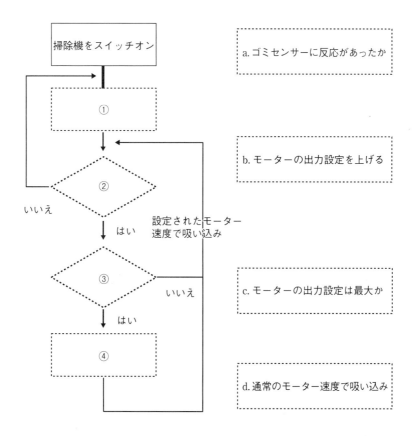

事前問題（5.2節では問2-1）

花子さんは，「おはじき」をたくさん持っています．箱に1個から1個ずつ増やし，10個になるまで手元にある「おはじき」を入れる作業をします．以下の作業の手順を並べ替えてください．

A) 10個になるまで，箱に入れる作業を繰返す
B) 箱を用意する
C) 箱に入れる作業を終える
D) 前に入れた「おはじき」の数に1個追加して箱に入れる
E) 箱に「おはじき」を1個入れる

問2（事前）

1から10までの数を，連続して表示する手順について，以下の項目を並べ替えてください．
（パソコンでプログラムを書き，画面に「1　2　3　4　5　6　7　8　9　10」と表示することをイメージしてください）

A) 箱Xが10以下の間，次の作業を繰返す
B) データを入れる，箱Xを用意する
C) 箱Xに1を足した値を，箱Xに戻す
D) 箱Xに1を入れる
E) 繰返しを終了する
F) 箱Xの中身を表示する

問2（事後）

1から10までの数を，連続して表示する手順について，以下の項目を並べ替えてください．
（パソコンでプログラムを書き，画面に「10　20　30　40　50　60　70　80　90　100」と表示することをイメージしてください）

G) 箱 X が 100 以下の間，次の作業を繰返す
H) データを入れる，箱 X を用意する
I) 箱 X に 10 を足した値を，箱 X に戻す
J) 箱 X に 10 を入れる
K) 繰返しを終了する
L) 箱 X の中身を表示する

【著者略歴】

吉田　典弘（よしだ・のりひろ）

1992年玉川大学大学院工学研究科修士課程修了．2017年東北大学大学院情報科学研究科後期博士課程単位取得退学．福島女子短期大学助手，同大学講師，相模女子大学准教授，同大学教授等を経て，2015年から関西学院大学教務機構共通教育センター教授．大学における一般情報教育の研究に従事．電子情報通信学会，情報処理学会，数学教育学会，日本教育工学会，教育システム情報学会各会員．

関西学院大学研究叢書　第200編

プログラミングと思考力

2019年3月31日初版第一刷発行

著　者　吉田典弘

発行者　田村和彦
発行所　関西学院大学出版会
所在地　〒662-0891
　　　　兵庫県西宮市上ケ原一番町1-155
電　話　0798-53-7002

印　刷　協和印刷株式会社

©2019 Norihiro Yoshida
Printed in Japan by Kwansei Gakuin University Press
ISBN 978-4-86283-280-1
乱丁・落丁本はお取り替えいたします．
本書の全部または一部を無断で複写・複製することを禁じます．